河南科技学院高层次人才引进项目资助（项目编号:2015015）
河南科技学院重大科研项目资助（项目编号:2016ZD03）

聚合酶链式反应（PCR）快速检测腐烂苹果中的扩展青霉

何鸿举　梁新红　何承云　著

中国轻工业出版社

图书在版编目(CIP)数据

聚合酶链式反应(PCR)快速检测腐烂苹果中的扩展青霉/何鸿举，梁新红，何承云著.—北京:中国轻工业出版社,2018.5
ISBN 978-7-5184-1901-2

Ⅰ.①聚… Ⅱ.①何… ②梁… ③何… Ⅲ.①聚合酶—链式反应—应用—苹果—腐烂病 Ⅳ.①S436.611.1

中国版本图书馆CIP数据核字(2018)第049614号

责任编辑:贾　磊　　责任终审:张乃柬　　封面设计:锋尚设计
版式设计:王超男　　责任校对:吴大鹏　　责任监印:张　可

出版发行:中国轻工业出版社(北京东长安街6号,邮编:100740)
印　　刷:北京建宏印刷有限公司
经　　销:各地新华书店
版　　次:2018年5月第1版第1次印刷
开　　本:787×1092　1/16　印张:7.75
字　　数:170千字
书　　号:ISBN 978-7-5184-1901-2　　定价:80.00元
邮购电话:010-65241695
发行电话:010-85119835　传真:85113293
网　　址:http://www.chlip.com.cn
Email:club@chlip.com.cn
如发现图书残缺请与我社邮购联系调换
180028K1X101ZBW

前　言

PREFACE

扩展青霉(*Penicillum expansum*)是引起苹果腐烂的主要真菌之一,是一种多细胞丝状真菌,也是棒曲霉素的主要产生菌。棒曲霉素是一种致畸、致癌真菌毒素,国际上对食品尤其是果汁中的棒曲霉素含量有明确的规定。要控制棒曲霉素的产生量,应该从根本上控制扩展青霉的生长,最直接的方法就是对其进行准确快速检测并及时采取有效措施进行控制。传统的检测扩展青霉的方法主要是培养法,结合形态学的鉴定,耗时长且受主观因素影响,不能达到快速检测的目的,这就要求我们寻找一种新的检测方法。近些年来,随着聚合酶链式反应(Polymerase Chain Reaction,PCR)技术在微生物检测方面的发展和应用,其快速、准确的优势明显。因此,研究如何利用 PCR 技术快速检测棒曲霉素产生菌——扩展青霉,并设法在工艺过程中对其进行控制,减少棒曲霉素产生菌,对提高苹果汁质量与安全具有重大意义。

PCR 技术应用检测的基础是基因组 DNA 的有效提取。首先以加拿大国家食品安全研究所提供的扩展青霉菌株为试验原材料,通过比较 5 种常规的真菌 DNA 提取方法,获得最适合提取该扩展青霉基因组 DNA 的方法,并设计适合于该菌的特异性引物,优化 PCR 扩增反应条件,获得一组最佳 PCR 扩增扩展青霉 DNA 参数,最后进行克隆测序。

为了进一步验证 PCR 技术快速扩增检测扩展青霉的适用性,继续以中国普通微生物菌种保藏管理中心提供的扩展青霉 3.3703 和分离自腐烂苹果中的各真菌为试验原材料,采用液体培养法比较筛选最优真菌 DNA 提取方法,并根据扩展青霉的聚半乳糖醛酸酶基因内一段保守序列设计特异性 PCR 扩增引物,优化 PCR 扩增条件,获得一套最适扩增该扩展青霉 DNA 的优化参数。

本书介绍的研究结果为前期控制苹果中扩展青霉的产生、防止棒曲霉素的污染提供了有效的理论指导,可用于商业苹果感染扩展青霉的检测,也可作为使用此技术检测其他微生物的方法学参考。

本书所涉大部分试验是在西北农林科技大学樊明涛教授的指导下完成的,在试验过程中得到了西北农林科技大学食品科学与工程学院的硕士生袁晖、李瑜、李亚菲、李亚辉、刘晓娇和吕丽娟等的大力帮助,在此表示衷心感谢。同时,衷心感谢博士生王树林、贺江、刘柳、王毕妮、焦凌霞、冉军舰等在试验过程中给予的指导与建议。

由于编写时间仓促、资料有限,以及在试验操作过程中可能存在误差,书中难免存在不妥之处,敬请读者谅解并提出宝贵意见。

著者

目　录

CONTENTS

第一章 苹果汁中的扩展青霉污染及 PCR 技术研究现状

我国是苹果及苹果汁生产的第一大国(李军等,2004),且是其制品贸易的主要国家之一,其中浓缩苹果汁的出口量已占到世界贸易量的60%(王田利,2009)。但是由于我国苹果汁产业采用的原料往往是生长期或者收获期的残次落果,原料的新鲜度、健康度、成熟度都无法进行很好的控制,农药残留的状况与美国、欧盟等一些发达国家和地区相比,仍存在一定的差距(杨振锋,2005)。此外,由于储藏与加工能力的不足,导致了大量的苹果出现腐烂现象。通常,在加工生产的过程中,我国的苹果浓缩汁生产企业常会遇到果汁的色值、风味、耐热菌、浑浊度、农药残留、棒曲霉素等导致的质量问题(王素梅等,2003)。当前,我国的苹果除了鲜销以外,苹果浓缩汁是其深加工的主导产品。在出口过程中,其中的棒曲霉素含量是一项要求非常严格的指标,其含量的多少直接影响着出口量与价格,因此,有效地控制苹果浓缩汁中棒曲霉素的含量是保证我国苹果浓缩汁加工业持续发展的当务之急(王素梅等,2003)。

近些年来,随着相关的科学技术不断发展,苹果汁生产中的一些问题已经找到了有效的解决方法,但棒曲霉素含量超标等问题仍然是影响我国苹果浓缩汁出口和产业发展的主要难题之一,该问题的存在极大地制约了整个苹果汁行业的发展。

棒曲霉素是一种能引起动物致畸、致突变和致癌的真菌毒素,它的存在引起了世界各国卫生、医学、毒理学、食品安全等方面学者与专家的极大关注,特别值得一提的是苹果汁的主要消费群体是青少年,长期摄入棒曲霉素超标的果汁会对他们造成极大的危害。为了建立人类对棒曲霉素的安全指南,联合国粮农组织食品添加剂专家委员会(JECFA)将其最大日可食入量从 1μg/(kg 体重·d)降为 0.4μg/(kg 体重·d),另外,JECFA 还规定水果及加工产品中棒曲霉素的含量应小于 25μg/kg。国际上建议在人类食用的苹果产品中棒曲霉素的残留量应该低于

50μg/kg,而许多国家则将果汁中棒曲霉素的残留量调整为20~50μg/kg。

随着国际社会将苹果浓缩汁中棒曲霉毒素的最大限量不断下调,苹果浓缩汁中棒曲霉毒素的残留问题已成为各果汁生产厂商最为棘手的问题之一,并越来越受到关注。围绕着降低浓缩苹果汁中棒曲霉毒素残留含量的问题,科技工作者做了大量的研究工作(陈启民等,2001;李君文等,1997;叶怀庄等,1996),但是并未从根本上解决棒曲霉毒素对苹果汁的污染。现有的办法主要是在加工后进行吸附脱除,但是吸附脱除不仅增加工作量,也对果汁中的其他营养成分造成了一定的影响,同时,该操作方法只是将棒曲霉毒素转移到了清洗用水等苹果汁加工过程的下脚料中,并未得到分解和实质性的降低,还会对环境造成潜在危害(张小平等,2004)。

要从根本上解决浓缩苹果汁加工中的棒曲霉毒素残留问题,对棒曲霉毒素产生菌进行控制,必须从源头来控制棒曲霉毒素产生菌的生长,从而抑制毒素形成。要解决这一问题,判断苹果原料是否受到棒曲霉毒素产生菌(主要为扩展青霉)的污染是问题的关键所在,特别是在早期如何检测棒曲霉毒素产生菌尤为重要,而传统的检验检测扩展青霉的方法主要是培养法,并采用形态学方法进行鉴定,不仅耗时较长,而且常常给进出口商品造成经济损失。目前,聚合酶链式反应(PCR)技术是一种快速有效的检测扩展青霉污染的方法,在检测棒曲霉毒素产生菌方面有其独到之处。

PCR技术已广泛应用于生物检测的各个方面,得到了比较广泛的应用,本研究基于PCR技术快速检测的优点,旨在研究PCR技术检测法在苹果及苹果汁中棒曲霉毒素产生菌——扩展青霉的快速检测方面的应用,为PCR技术真正实现快速检测奠定基础,为进一步早期控制和降低棒曲霉毒素的污染提供理论依据和方法支持,最终提高苹果及苹果汁制品的质量安全。

第一节　我国苹果及其加工生产状况

一、苹果特性及其营养价值

1. 生物学特性

苹果,学名 *Malus* spp.,是蔷薇科(Rosaceae)苹果属(*Malus*)植物的果实。苹果树为多年生落叶乔木,原产于欧洲、中亚和我国新疆西部一带,栽培历史已有5000年之久,是温带地区的主要水果树种类之一(綦菁华,2003)。

苹果具有独特的性质:苹果的果实形状一般呈现长圆形或者扁圆形,并且苹果的品种不同,其果实的形状、尺寸大小也不同;绝大多数品种苹果的果肉质地酥脆、汁液丰富,果肉常呈现乳黄色、白色;苹果的种子呈卵圆形等(孙爱东,2002)。

2. 营养组分

大量的科学研究及报道已证明,苹果含有大量的营养组分,主要包括:糖、脂、蛋白质、纤维素等一些大分子物质;维生素 B_1、维生素 B_2、维生素 C 等维生素;部分矿物质元素,如磷、锌等;还有部分有机酸,如烟酸、酒石酸、鞣酸等(李宝江等,1995;苏青峰,2005;许高升,1991)。

3. 保健作用

苹果因其具有丰富的营养成分,而使得其保健作用更加广泛。

(1)苹果中的糖主要以还原糖为主,而且含量很高,容易被人体所吸收,可作为开发低糖食品的良好原材料。

(2)苹果中的营养组分可有效预防高血压、动脉硬化、冠心病等心脑血管疾病的发生:苹果酸与胆酸结合,可起到降低胆固醇的作用;维生素 C 和纤维素也有类似的功效(楚明等,2004;李延斌,2002;露民,2003;姚玉新,2002)。

(3)苹果中的某些成分可有效降低呼吸系统疾病的发生率:比如改善肺和呼吸系统功能,可达到降低呼吸系统疾病发生的作用。常吃苹果,有助于气喘病和肺癌发病率的降低,吸烟者肺气肿的发病率也会显著降低(李延斌 2002)。

(4)苹果具有一定的抗癌功能:苹果中的黄酮类化合物与多酚化合物相结合后,生成物可抑制癌细胞的生长,从而起到抗癌作用(阿英,2003;楚明等,2004;姚玉新,2002)。

(5)苹果可预防糖尿病:苹果中的可溶性纤维素可通过调节机体的血糖水平,预防糖尿病的发生(阿英,2003;楚明等,2004;顾海剑,2002;露民,2003)。

(6)苹果可起到排毒作用:这主要是苹果中的果胶在起作用,以防止中毒(露民,2003)。

(7)苹果中的一些营养组分可促进儿童的生长发育和记忆力的增强,如维生素和一些矿物质等(李延斌,2002)。

(8)苹果还具有防止腹泻、阻止肥胖等医疗保健作用(露民,2003)等。

二、我国苹果的生产现状与发展前景

1. 苹果主产区分布

目前,我国苹果生产主要分布在四大产区,包括:①渤海湾(鲁、冀、辽、津、京)产区,该产区中辽宁、山东和河北三省是老产区,栽培历史悠久,总产量最大。2008 年的面积和产量分别占全国总面积和总产量的 32.29% 和 40.46%;②西北黄土高原(陕、甘、晋、宁、青)产区,该产区已经成为全国栽培规模最大、有较大发展潜力和产业竞争力的苹果优势产区,2008 年的栽培面积占全国总面积的 48.04%,产量占全国总产量的 38.89%;③黄河故道(豫、苏、皖)产区;④西南冷凉高地。

按生产省份划分,苹果生产主要分布在陕西、山东、河北、甘肃、河南、山西和辽宁七省,栽培面积为 $1.73\times10^6hm^2$,占全国栽培面积的 86.98%;产量为 2.70×10^7t,占全国总产量的 90.55%。山东为全国产量最高(7.63×10^6t,占全国的 25.57%)的省份,陕西为全国栽培面积最大($5.31\times10^5hm^2$,占全国的 26.65%)的省份,两省合计栽培面积和产量占全国的 40.52% 和 50.55%(刘志明,2009;王金政等,2010)。

2. 苹果加工业现状

苹果主要栽种于世界温带地区,是世界四大水果(苹果、葡萄、柑橘和香蕉)之一,其在世界果品市场中的地位极其重要。我国是世界苹果发源地之一(田世英,2004;王小兵等,2003;张振华等,2004;赵佳,2005),尽管我国苹果栽培历史仅有 100 余年,但其发展速度相当快。近几年来,我国苹果产量的增长对世界苹果产量的贡献率高达 84%(田世英,2004)。当前,我国年苹果平均总产量约占世界年苹果总产量的 1/3 以上(苗洪亮,2006;张兴旺,2005;张振华等,2004),成为名副其实的第一大苹果生产国。

目前,我国苹果加工业中的主导产品是浓缩苹果汁。近年来,我国浓缩苹果汁产量持续增加,已成为世界上最大的浓缩苹果汁生产国(仇农学等,2000;王征兵,2001)。丰富的苹果原料资源以及低廉的劳动力成本,使得我国浓缩苹果汁加工企业保持年增长产销量 40% 以上。通过国家"十五"科技攻关,苹果深加工关键技术取得了全面突破,实现了浓缩苹果汁加工生产中超滤膜技术使用的商业化和规模化,全面提高了我国浓缩苹果汁行业的技术水平和产品质量。当前我国浓缩苹果汁生产线已有 100 余条,总加工能力已超过 2500t/h,每年可加工苹果 800 余万吨,主要加工省份为陕西、甘肃、山西、河南、山东、辽宁等。其中仅陕西省年产量就达 60 余万吨,已成为我国最大的浓缩果汁生产基地(陈世琼,2004;胡小松,2005;翟金义等,2005;赵正阳等,2004;周妍,2007)。

三、我国苹果加工面临的竞争与挑战

1. 苹果产业中的问题

虽然我国苹果加工生产成本低、劳动力低廉,但我国的苹果产出及苹果加工能力依然存在很多问题:①主栽品种比较单一。富士栽种面积几乎占全国苹果栽种面积的一半,但其结果晚,不易管理,着色较差,有大小年和病害等问题;②苹果品种结构搭配不尽合理,早、中熟品种相对较少。目前的主栽品种以富士、元帅系、金冠、秦冠和乔纳金等品种为主（占 75% ~80%），早熟品种不足 5%；中熟品种（如嘎拉、津轻和红津轻等）占 10% ~15%；③鲜食与加工品种比例不协调。主栽品种基本上都是鲜食品种，适于加工的品种甚少，这导致苹果加工企业没有稳定的优质原料基地，加工产品的数量及质量都难以适应市场需求；④品种生产布局不尽合理。尽管近年来，苹果栽培逐渐向优势区集中，但适地适栽的原则贯彻不够，非适宜区和次适宜区仍有大量的苹果栽培，而且存在适宜区缺乏品种区划、盲目发展不适宜品种等问题（刘志明，2009）。

与发达国家相比，我国苹果加工业整体加工水平还比较薄弱，企业的生产规模、市场影响力及企业管理能力都有待提高与加强；企业团队研发能力不强；质量标准与控制体系亟待完善；综合利用效率不高等这些问题严重制约我国苹果加工业的发展。国际贸易保护主义及知识产权保护的日益增强，使我国苹果加工业面临更加严峻的技术、市场和产业挑战，这就迫使我国苹果加工业要紧紧依靠科技力量，提高自主创新能力、积极调整产业结构、改善产品质量。同时，努力开拓国内国际市场，增强抵御国际市场风险能力（李里特等，2005；赵佳，2005；赵正阳等，2004；赵正阳等，2002；周妍，2007），增强我国苹果加工业的国际竞争力。如今，我国已经成为世界最大的浓缩苹果汁生产国（赵宝贵，2004），苹果浓缩汁年产量持续增加，但苹果汁生产加工技术及苹果汁的质量还有待于进一步的提高。

2. 苹果生产加工的问题

近年来，由于加工原料、生产技术、企业管理等多方面的因素，我国苹果汁在加工生产时常出现质量问题，比如褐变问题、后浑浊现象、嗜酸耐热菌的产生、使用农药的残留、真菌毒素的含量超标等。这些问题极大地影响我国苹果业的发展进程，导致我国企业在国内外市场中缺乏竞争力，阻碍了持续发展的进程。

（1）褐变　褐变不仅会影响果汁外观，同时还会降低果汁的营养价值及风味。褐变分为非酶褐变和酶促褐变，这两种褐变在浓缩苹果汁生产过程中都会发生。为抑制酶促褐变的发生，多数企业采用前巴氏杀菌法，钝化多酚氧化酶，同时还采取诸如活性炭吸附脱色、吸附树脂脱色等辅助加工工艺，获得了良好的效果（常玉华，2003；冯再平，2004；陈世琼等，2004；陈颖，2004）。

（2）后浑浊　后浑浊主要由氨基酸、蛋白质及其化合物、单宁及其化合物、淀粉、果胶、微生物及助滤剂等物质引起。控制后浑浊的方法主要有：采用果胶酶、淀粉酶等降解酶，将引起后浑浊的大分子物质降解为小分子；采用超滤、联合膜分离技术等加工工艺，将大分子物质截留。目前这些方法已在苹果汁生产企业中得到了广泛的推广和应用（常玉华，2003；冯再平，2004；陈世琼等，2004；陈颖，2004）。

（3）嗜酸耐热菌的产生　嗜酸耐热菌，脂环酸芽孢杆菌俗称，此名源于这种菌可耐热、耐酸。嗜酸耐热菌属的一些菌株可引起巴氏灭菌苹果汁的腐败，导致果汁产生不适气味、白色沉淀或雾状浑浊等,致使果汁感官品质和质量发生劣变(常玉华,2003;冯再平,2004;陈世琼等,2004;陈颖,2004)。

(4)农药残留　控制农药残留应严控原料质量及加强加工工艺措施。目前,果汁加工企业中已广泛地使用吸附树脂来脱除、降解残留农药,成效较好(常玉华,2003;冯再平,2004;陈世琼等,2004;陈颖,2004)。

(5)棒曲霉毒素超标　苹果汁中的棒曲霉毒素(Patulin)主要是青霉属(*Penicillium*)、曲霉属(*Aspergillus*)和丝衣霉属(*Byssochlamys*)等多种真菌的一种次级代谢产物(McKinley et al. ,1991;Dombrink - Kurtzman et al. ,2005)。研究已证明,棒曲霉毒素是一种可使动物致畸、致癌及致突变的毒素,人体摄入棒曲霉毒素后会出现呕吐和胃刺激等不良症状,这引起了世界卫生组织的高度关注,世界卫生组织严格规定食品中棒曲霉毒素量 $<50\mu g/L$(贺玉梅等,2001;张小平等,2004;周克全,2001;Bissessur J et al. ,2001;Radhia et al. ,2002)。棒曲霉毒素广泛存在于多种食品加工原料中,尤其在浓缩苹果汁加工原料的产品中最为突出,目前,国内外科研工作者针对如何有效控制及降低苹果和苹果产品中的棒曲霉毒素进行了大量的研究,其中之一就是研究如何控制棒曲霉毒素产生菌,以达到控制棒曲霉毒素的目的。

棒曲霉毒素的主要产生菌是扩展青霉(*Penicillum expansum*)。扩展青霉是一种多细胞丝状真菌(Gokmen et al. ,2001),通过成熟的 PCR 技术检测控制扩展青霉以达到控制棒曲霉毒素的产生,这不失为一个有效的途径。

第二节　棒曲霉毒素

一、理化性质与危害

棒曲霉毒素是很多青霉属和曲霉属真菌产生的一种有毒的二级代谢产物(Gordon,2000),主要存在于苹果及其制品和葡萄汁中。棒曲霉毒素是一种非挥发性内酯类化合物,其分子式为 $C_7H_6O_4$,相对分子质量为 154,化学全名为 4 - 羟基 -4 - 氢 - 呋喃(3,2 - 碳)骈吡喃 -2(6 - 氢)酮(蒋雄图等,1989),其结构式如图 1 -1 所示。

棒曲霉毒素的纯品为无色针状的结晶,易溶于水、丙酮、氯仿、乙醇、乙酸乙酯,微溶于苯和乙醚,不溶于石油醚。棒曲霉毒素对光比较敏感,对热有一定的稳定性,在苹果汁、葡萄汁和玉米汁中都很稳定。Scott(1968)研究表明棒曲霉毒素在苹果汁中的稳定时间相对最长,在 80℃加热 10 ~20min 仍有 50% 残留。棒曲霉

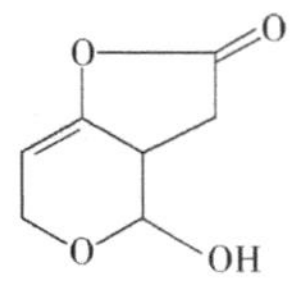

O　O　O　OH

图 1－1　棒曲霉毒素结构式

毒素在碱性环境中不稳定并容易失去活性。

产生棒曲霉毒素的适合温度范围为 0～24℃，最小水分活度是 0.99（Magan et al.，2004）。棒曲霉毒素主要在苹果和苹果制品中存在，有时候会在其他水果如桃子、杏、梨和葡萄中出现，它主要产生于水果的腐烂部分（Cheraghali et al.，2005）。切除水果腐烂或者损伤的部分后能够降低果汁中棒曲霉毒素的含量（Beretta et al.，2000），但并不能彻底地将其清除，冲洗也不能完全将其清除掉（Taniwaki et al.，1992），这是因为真菌毒素可能扩散进入到水果的健康部分。正是由于这个原因，经常会在苹果酱和没有发酵的苹果汁中发现棒曲霉毒素（Trucksess et al.，2001）。因为水果汁，尤其是苹果汁，通常被婴儿和小孩消费，所以这个问题引起了人们的极大关注。

Hesham Elhariry（2011）等研究结果表明，即使在经过巴士消毒之后的苹果汁中，棒曲霉毒素也是很稳定的。当从有腐斑苹果的健康部分加工苹果汁时，虽然，酶处理（果胶酶和淀粉酶）和巴士消毒（95℃，7min）能够显著地（$p < 0.05$）降低棒曲霉毒素的含量水平，但棒曲霉毒素的含量依然高于食品法典委员会建议的小于 50μg/kg 的水平。Acar 等（1998）研究表明清洗所用的清洗液效力，同时也受到水果中原始棒曲霉毒素含量的影响。他们通过研究证实了在起始平均污染浓度为 20μg/L 时，通过清洗果汁会使棒曲霉毒素降低到平均污染浓度为 5μg/L 的水平。他们还认为，当苹果污染剂量较高时（大约 350μg/L），清洗不能把棒曲霉毒素的含量降低到 50μg/L 以下，清洗的效率也取决于所用的清洗试剂。

Chen 等（2004）通过评价冷藏帝国苹果时几种化学防腐剂的消毒清洗效力，阐明了醋酸（2%～5%）是抑制扩展青霉最有效的化学制剂。

Sydenham 等（1997）研究指出随着储存时间的延长，在终产品中棒曲霉毒素的含量超标的可能性就越大。

Scott 于 1972 年首次报告了市售苹果汁中存在棒曲霉毒素，至此之后有关国家和科学工作者就对于它在各类食品中的存在给予了重视。棒曲霉毒素有广谱的抗菌性，有学者提出其抗菌活性来自于 —CH═C—C═O 的结构，同时，棒曲霉毒素还具有胚胎毒性，并能对细胞产生诱变作用，在小鼠中的 LD_{50} 是 5mg/kg（Richard et al.，1981），一定剂量的棒曲霉毒素还能够产生免疫抑制作用（Llewellyn et al.，1998），可能增加过敏反应的几率，能够引起动物的免疫缺失、精神和胃肠异常,还能破坏 DNA。同时,棒曲霉毒素能够通过改变机体细胞的通透性,抑制大分子物质的合成,而导致细胞中非蛋白质硫基的耗竭,最终将致使细胞丧失其活性。另外,有研究表明当小猪暴露于高剂量的棒曲霉毒素环境中时,会出现呕吐、流口水、厌食、呼吸急促、体重下降、白细胞增加、红血球减少等症状。

Jackson 等(2003)发现,由从树上刚摘下的新鲜的不同品种的苹果加工而成的苹果汁,其中检测不到棒曲霉毒素,但是由从四个品种的新鲜的落地果苹果加工而来的苹果汁中可检测到棒曲霉毒素的含量为 40.2 ~ 374μg/mL。而对于棒曲霉毒素引起植物发病的原理,至今仍然没有研究清楚。

二、分析方法

液液萃取(LLE)在食品中是一种常用的提取棒曲霉毒素的方法,其中加乙酸乙酯的液液萃取法,已经被国际化学家学会作为一种公告方法被采纳。但液液萃取方法却是相对有些昂贵和耗时的。最近,固相萃取技术和固相扩散矩阵方法也被一些化学家所采纳,用于浓缩苹果汁中棒曲霉毒素的提取和纯化(Welke et al.,2009)。

目前,常见的棒曲霉毒素的检测方法有微生物法、薄层色谱法(TLC)、气 - 质联用色谱法(GC - MS)、液相色谱法、免疫学检测法等。

1. 微生物法

该方法是一种较早的检测棒曲霉毒素的方法,因其费时、灵敏度不高,当前很少被使用,但是这种方法可以作为一种定性的方法(林春国等,1999;陈姗姗等,2006),或者当化学分析方法受限时,微生物法可以作为一种辅助手段来测其生物活性(王莹等,2007)。

Stott(1974)用 *Bacillus megaterium* NRRL1368 对棒曲霉毒素进行检测,结果表明,在 2 ~ 80ng/L 范围内的 NRRL1368 对棒曲霉毒素的反应成线性关系,该方法的最低检测值为 1.7ng/L,其检测时间为 12 ~ 15h。

2. 薄层色谱法

薄层色谱法(Thin Layer Chromatography,TLC),是一种很重要的定性分析和快速分离少量物质的试验技术,属固—液吸附色谱。GB 14974—2003《苹果和山楂中展青霉素限量》中规定采用 TLC 方法检测扩展青霉的残留,该法用 MBTH 作为显色剂来验证阳性样品的存在。该方法的变异系数小于 10%,最低检出限为 3mg/L。

TLC 法一般采用双向展开,辅以荧光扫描或荧光指示剂来测定,棒曲霉毒素的荧光强度较弱,不足以检测,即便衍生化以加强其荧光强度,其灵敏度仍不高。该方法的检测速度虽然较快,但是只能半定量,而且当存在 5 - 羟甲基糠醛

(HMF)时,分离效果不好(杨晓强等,2007)。

3. 气相色谱－质谱联用法

定量的气相色谱－质谱联用(GC－MS)检测棒曲霉毒素技术要基于前期衍生化基础上进行,如三甲基硅烷基或者乙酰基衍生化,而且要有同位素标记的棒曲霉毒素作为内标物,直至近期这种方法仍然没有被商业所采用。由于当前的商业化形势,增加了在混合模型下定量提取这种真菌毒素的可能性(Maria et al.,2010)。

Cunha 等(2009)提出用环乙烷乙酸乙酯,碱化和甲硅烷基化的方法来提取棒曲霉毒素,用$^{13}C_{5\sim7}$标记的棒曲霉毒素作为内标物的 GC－MS 方法检测棒曲霉毒素。这种方法成功地应用于检测苹果及苹果产品包括苹果汁、苹果酒,还有婴儿食品以及柑橘汁和柑橘果浆中的棒曲霉毒素。

4. 高效液相色谱法

扩展青霉是一种有较强的紫外吸收光谱的小分子极性化合物,因此适合于用高效液相色谱(HPLC)检测。目前,果汁行业检测棒曲霉毒素的标准方法一般都是高效液相色谱法。我国颁布的 SN 0589—1996《出口饮料中棒曲霉毒素的检测方法》中,采用的就是高效液相色谱法。液质联用与相应的气质联用相比,虽然有时灵敏性会较低,但是在稳健性和重复性上则有优势。

Sewrama 等(2000)应用一种含有离子阱(阴离子模式)的液相色谱－质谱法对苹果汁中的棒曲霉毒素进行分析,其检出限为 4μg/L,最低定量限为 10μg/L。在国内,用 HPLC 法检测棒曲霉毒素的研究报道也很多。黄菲菲等(2010)用超高效液相色谱－串联质谱测定苹果制品中棒曲霉毒素样品经乙腈提取,并经多功能柱净化后,采用超高效液相色谱－串联质谱进行检测,该方法灵敏度高,操作方便、快速,可用于苹果及其制品中的棒曲霉毒素检测。乌日娜等(2008)采用氰基柱固相萃取浓缩苹果汁中的棒曲霉毒素,并用高效液相色谱法来测定结果,其回收率为 95.2%～120.9%,最低检测限为 0.003mg/kg。赵珊等(2007)用乙腈提取样品,多功能柱进一步净化,以高效液相色谱法测定果汁样品中棒曲霉毒素,最低检测限为 8μg/L。

第三节　扩展青霉

一、概述

扩展青霉(*Penicillum expansum*),属于半知菌纲、壳霉目、杯霉科、青霉属,是一种嗜冷霉菌,且是一种很常见的水果病原菌。扩展青霉的菌落呈密毡状或者松絮状,多数呈灰绿色,如图 1 –2 所示。

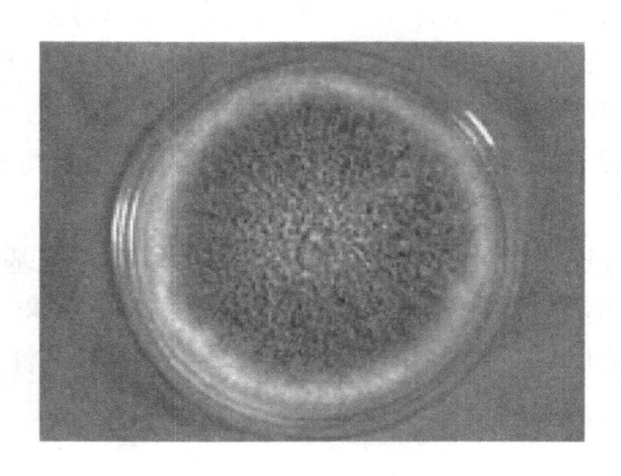

图 1 –2　扩展青霉培养结果

霉菌是对一些“丝状真菌”的统称,并不是分类学上的名词。霉菌菌体一般由分枝或不分枝的菌丝构成,当许多菌丝交织在一起时,就称为菌丝体。不同霉菌的菌丝形态各异,这是进行霉菌分类的重要依据。扩展青霉的分生孢子梗具横隔,有扫帚状的分枝,最后一级分枝称为小梗,上产有分生孢子,一般呈青绿色,其帚状枝如图 1 –3 所示。

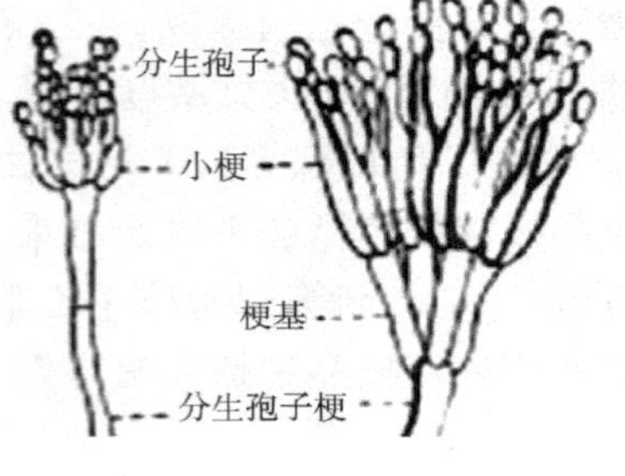

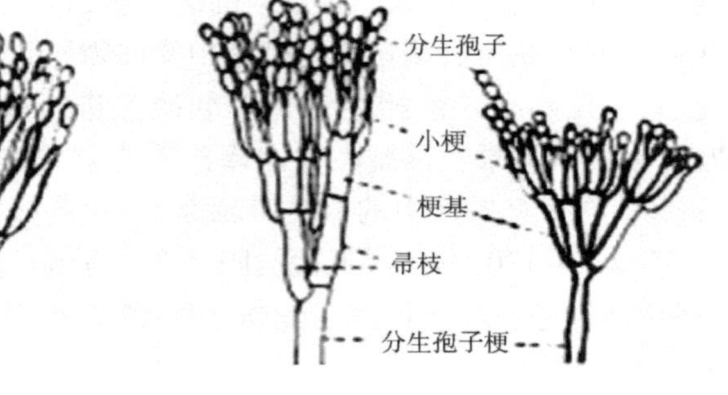

图 1 –3　扩展青霉的帚状枝

扩展青霉的细胞壁的主要成分是几丁质(chitin),它是 N – 乙酰葡聚糖单元以 β 键相连接的长直链聚合物,链间和链内都具有广泛的氢键结合,这赋予几丁质极大的抗拉强度。这种结构使得扩展青霉的细胞壁很难被破坏,故提取扩展青霉 DNA 是非常困难的。

扩展青霉能够引起很多水果的软腐烂,被称作“蓝霉腐烂”,包括常见的苹果和梨,还有不常见的樱桃、杏、猕猴桃、桃子等(Karabulut et al. ,2002;Neri et al. ,

2010；Venturini et al. ,2002；Vero et al. ,2002）。

植物病原真菌是指能引起植物发生病害，且利用科赫法则可以加以鉴定的一类病原菌（段维军等，2008）。扩展青霉作为一种植物病原菌，在收获和加工水果的时候扩展青霉很容易通过受损或者擦伤处渗透进入果体中去。有可能会通过茎末端，打开的萼筒以及水果果实的皮孔发生感染，或者也可以通过其他一些主要的水果病原菌的污染部位进入水果。过熟或者长期储存的水果更容易受到扩展青霉素的感染（Mari et al. ,2009）。扩展青霉的孢子普遍存在于土壤之中（Domsch et al. ,1980）。因此，它们能够从土壤、农作物掺合、农场的工具和设备等途径污染苹果，也可能在水处理系统中通过收割时的感染点来传播。而扩展青霉的孢子有很强的耐冷性，有研究报道即使将苹果储存在很低的温度下，感染了扩展青霉孢子的苹果也很难避免被它损害（Jackson et al. ,2003）。自从扩展青霉被认为是水果中棒曲霉毒素的最大来源，除了对经济造成的影响，扩展青霉还有潜在的公共卫生危害（Neri et al. ,2010）。

二、检测方法

植物病原性真菌通常以多种机理机制来影响着植物的生长和繁殖，给植物带来不同程度的危害。因此，快速准确地检测和鉴定出这些病原菌对有效控制疾病传播、检验和检疫等方面的工作有重要的意义，是这些工作的基础。

过去，真菌的分类鉴定一般采用的是分离再培养、形态学方法（窦坦德等，2000），主要是根据观察其形态结构特征、判断生理生化特性、抗原构造、检测生物学特性等来区分真菌的，该种方法简单易行（秦旭升等，2000），在对病原物的检测、鉴定方面发挥了很大的作用。有些时候这些方法仍然是最廉价、最有效、最适合的，如最近在 Stowell 等（2001）的一篇综述上所描述的。

真菌的种类繁多、形态特征复杂、个体多态性显著，有些病原真菌的外部形态非常相似，检测结果的判断具有较大的主观性，部分生理生化指标和形态特征可能会随着周围环境的变化而呈现不稳定性，常常会出现假阳性或假阴性的结果，使得鉴定难度增加，鉴定结果的准确性偏低（裴杰萍等，2004），而且传统的方法通常比较耗时，大多对试验室的依赖性较强（Marek et al. ,2003），且大多需要真菌学专家（Shapira，1996）。

正是由于传统方法所存在的一些弊端，促进了科学工作者研究其他的技术方法。近年来，随着科学技术，尤其是分子生物学、免疫学、生物化学等学科的发展，以及以核酸技术为基础的领域的巨大进步，为真菌的快速检测提供了许多新技术。

分子生物学方法是近年来发展起来的最有效的方法，其中以核酸技术为研究基础的新型检测方法,如聚合酶链式反应(PCR)、DNA 探针技术等技术的应用为植物病原菌的检测提供了许多新技术。Spreadbury 等于 1993 年首次尝试了应用 PCR 方法检测烟曲霉。

第四节　PCR 技术应用概述

一、PCR 技术的原理

聚合酶链式反应简称 PCR(Polymerase Chain Reaction),是 1985 年由美国科学家 Kary Mullis 与 Saiki 等首创并由 Cetus 公司开发的一项体外短时间内快速、大量扩增特定 DNA 片段的分子生物学技术。这项技术可使极其微量的某一特定序列 DNA 片断在数小时内特异性扩增到几十万倍甚至几百万倍以上(陈启明等,2001;迪芬巴赫,2000)。PCR 技术一经问世就被迅速而广泛地应用于生命科学研究的各个领域,发展速度惊人,被誉为分子生物学技术的一场革命性创举和里程碑,Kary Mullis 也因此而荣获 1993 年的诺贝尔化学奖。

1. PCR 扩增原理

聚合酶链式反应(PCR),是指在 DNA 聚合酶催化作用下,以母链 DNA 为模板,以特定引物为延伸起点,通过不断循环的高温变性、低温退火、适温延伸三个反应步骤,经过 20 ~ 40 个扩增循环,在体外复制出与母链 DNA 互补的子链 DNA 的过程。

(1)高温变性(Denaturation)　双链模板 DNA 经 94℃ 的高温加热一段时间后,双链模板 DNA 发生变性,此时碱基间的氢键断裂,可促使双链 DNA 解链变成单链,此单链作为下一个 PCR 扩增循环的模板,继续与引物结合进行 DNA 拷贝,如此循环。

(2)低温退火(Annealing)　双链 DNA 模板经 94℃ 高温解链成单链,随后扩增温度降低到 55℃ 左右,此时 PCR 扩增引物(上游引物和下游引物)与单链 DNA 模板按照碱基互补配对原则进行序列配对。

(3)适温延伸(Extension)　模板 DNA 链与 PCR 扩增引物相结合后,在 *Taq*DNA 聚合酶的催化作用下,以底物 dNTPs 为反应原料,以目标序列为模板,按碱基互补配对原则与半保留复制原理,按 5′→3′ 方向将引物延伸自动生成一条全新的 DNA 模板互补链,从而使单链 DNA 又重新恢复到双链。

这三个反应步骤(高温变性、低温退火、适温延伸)重复循环若干次后,即可将目的 DNA 模板链放大到几百万倍以上,以达到成功检测的目的。在这个 PCR 循环反应中,每一个循环需要 2 ~4min,2 ~3h 即可完成扩增任务(陈启明等,2001)。如图 1 -4 所示。

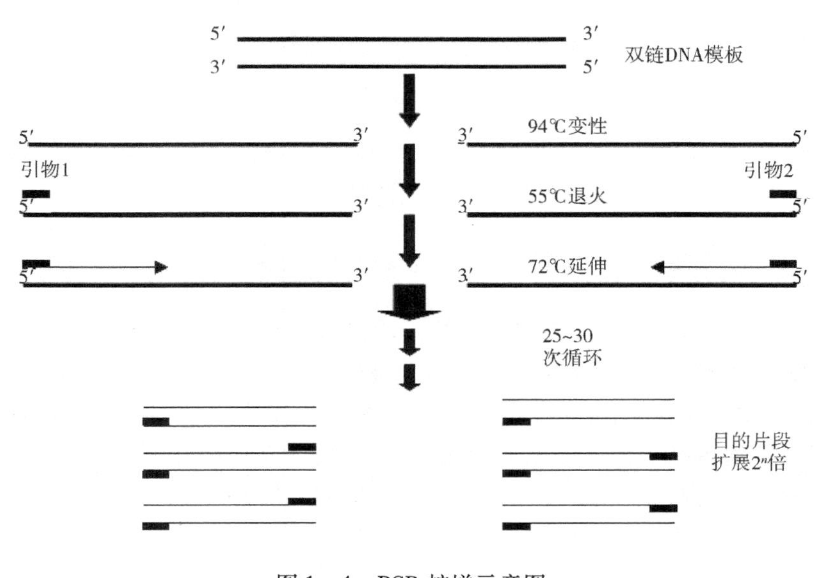

图 1 -4　PCR 扩增示意图

2. PCR 反应动力学

PCR 反应的三个步骤依次循环进行,结果使目的 DNA 模板的增加量呈指数级,其最终的扩增量可用如式 1 -1 计算得知:

$$Y = n(1 + X) \tag{1-1}$$

式中　Y——目的 DNA 片段经若干循环扩增后的拷贝数

n——循环的次数

X——平均扩增效率

X 的理论值为 100%,但实际的扩增效率要小于 100%。在 PCR 扩增反应的初期,目的 DNA 量以指数形式增加。然而在扩增后期,随着 PCR 反应产物的不断累积,酶的催化反应趋于饱和,此时被扩增的目的 DNA 片段不再呈指数级增加,而是进入线性增长期或静止期的相对稳定状态,即“平台期”,如图 1 -5 所示。此“平台期”的到来在多数情况下不可避免(迪芬巴赫,2000)。

3. PCR 扩增体系

PCR 扩增体系由模板 DNA、扩增引物、缓冲液、dNTPs(底物)、Mg^{2+}、*Taq*DNA 聚合酶、ddH_2O 等构成,将这些组分混合在一起,装入 PCR 试管,在 PCR 扩增仪上完成目的 DNA 片段的大量扩增。

(1)模板 DNA(Template)　即靶基因核酸,PCR 可以是来自任何生物的单链

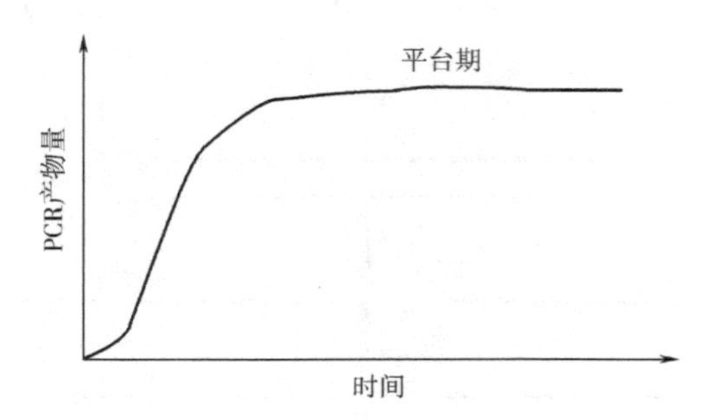

图 1-5　PCR 产物累积示意图

或双链 DNA,RNA 分子经反转录成 cDNA 后同样可作为模板,其纯度和量是 PCR 成败与否的关键环节之一。尽管 PCR 对模板 DNA 纯度要求不是很高,但应尽量避免有抑制 PCR 反应的杂质存在,比如核酸酶、蛋白酶、*Taq*DNA 聚合酶抑制剂及可与 DNA 结合的杂蛋白。模板 DNA 的量不能太高,否则会影响到 PCR 扩增的效果,甚至可能不会扩增成功,在这种情况下可适当的稀释 DNA 模板。

(2)扩增引物(Primers)　即与待扩增目的 DNA 片断两侧互补的单链寡聚核苷酸片断,其长度一般为 15 ~ 30 个碱基。扩增引物是决定 PCR 特异性扩增的关键因素,它决定了 PCR 扩增的区域和扩增产物的长度。PCR 扩增引物有两个:Primer 1(上游引物),是扩增片断编码链上游的一段 DNA;Primer 2(下游引物),是扩增片段非编码链下游的一段 DNA。*Taq*DNA 聚合酶是以外源 DNA 为模板,利用引物,沿扩增 DNA 片段的 5′-3′方向合成与模板互补的新链。PCR 扩增引物设计的好坏直接决定了 PCR 扩增的成功与否。引物设计原则及方法已经成熟,在此不再赘述。

(3)PCR 缓冲液(Buffer)　通常用 10 ~ 50mmol/L pH 为 8.3 ~ 8.8 的 Tris-HCl 体系。注意不可将生产厂家不同的 *Taq*DNA 聚合酶和 PCR 缓冲液混用。

(4)dNTPs　为相同浓度的四种脱氧核苷(dATP、dGTP、dTTP、dCTP)的混合液,作为扩增合成 DNA 的原料,在 PCR 扩增反应中,底物 dNTPs 的添加量应控制在 50 ~ 200μmol/L 范围之内。若底物添加量过低,则 PCR 反应产物量会随之降低。

(5)金属镁离子 Mg^{2+}　是 *Taq*DNA 聚合酶活力所必需的金属离子。一般使用浓度为 1 ~ 5mmol/L。Mg^{2+} 对 PCR 扩增的特异性和产量有显著的影响:若 Mg^{2+} 浓度过高,PCR 反应的特异性就会降低,结果就会有非特异扩增条带的出现;若 Mg^{2+} 浓度过低,*Taq*DNA 聚合酶的催化活性便会随之降低,结果会导致 PCR 反应产物量的减少。

(6)*Taq*DNA 聚合酶　分离提取自一种水生栖热菌(*Thermus aquaticus*)yT1

株，yT 是一种嗜热真菌，该菌于 1969 年分离自美国黄石国家森林公园火山温泉，能在 70 ~ 75℃ 生长。目前，PCR 反应中 *Taq*DNA 聚合酶最为常用。*Taq*DNA 聚合酶几乎不受加热变性的影响，这使得反应能够连续、自动进行。*Taq*DNA 聚合酶具有5′→3′聚合酶活力和 5′→3′外切酶活力，而无 3′→5′外切活力，因而在 PCR 反应中如发生某些碱基的错配，该酶是没有校正功能的，*Taq*DNA 聚合酶的碱基错配几率为 2.1×10^{-4}。不过现已出现具有校对功能的高保真 DNA 聚合酶，如 *Taq* plus Ⅰ、Ⅱ和 DNA 聚合酶等，这使得 PCR 技术更加广泛的得到了应用（萨姆布鲁克等，1992；奥斯伯等，1998）。

4. PCR 扩增条件

PCR 扩增条件包括：温度、时间及循环次数。

（1）设置各阶段反应的温度与时间　双链 DNA 一般在温度 90 ~ 95℃ 时变性解链，在温度 40 ~ 60℃ 时退火复性，在温度 70 ~ 75℃ 时进行延伸。

①变性温度与时间：通常情况下，当温度达到 93 ~ 94℃/min 时，足可使双链模板 DNA 变性解链，以满足试验要求。温度低于 93℃ 时，双链 DNA 变性解链的时间就需要延长，温度过高，会影响到 *Taq*DNA 聚合酶的催化活性。若这第一步不能使双链模板 DNA 完全变性解链，则会造成 PCR 扩增反应失败。

②复性温度与时间：将变性后的单链 DNA 的温度迅速冷却至 40 ~ 60℃，此时 PCR 扩增引物会结合到单链 DNA 模板上。复性温度直接决定着 PCR 扩增的成功与否。复性阶段所需要的时间通常在 30 ~ 60s。

③延伸温度与时间：一般情况下，延伸温度范围在 70 ~ 75℃，最常见的是以 72℃ 作为延伸温度。延伸温度过高，会影响扩增引物与模板的相互结合。延伸时间一般在 1min 左右，靶序列的长度不同，延伸时间会不同。

（2）循环次数　模板 DNA 的浓度大小决定了 PCR 扩增循环的次数，一般在 30 ~ 40 次的范围内选择进行试验（迪芬巴赫，2000）。

二、PCR 检测技术的发展

除了普通的 PCR 技术外，近十几年来许多科研工作者在实际工作中充分发挥创造性思维，对经典的 PCR 技术做了大量改进，根据不同的试验需要，开发了许多新型的 PCR 技术（潘耀谦等，1999）。

（1）反转录 PCR　反转录 PCR（Reverse Transcription – Polymerase Chain Reaction，RT – PCR）又称为逆转录 PCR。其反应原理为：以提取总 RNA 中的信使 mRNA 为模板，选取随机引物并在逆转录酶的催化作用下，逆转录获得互补 cDNA，再以此互补 cDNA 为扩增反应的模板进行 PCR 试验，最终得到目的基因。反转录 PCR 使检测 RNA 的灵敏性提高很多，并使一些极微量样品模板 RNA 的检测分析成为可能(陈启明等,2001;李君文等,1996;袁长青等,1999)。

(2)多重 PCR　多重 PCR(Multiplex PCR)又称复合 PCR。此技术的反应原理是:在同一个 PCR 扩增反应体系中使用两对及两对以上扩增引物,使得多个目的核酸片段能同时扩增出。其反应所用试剂及操作程序与普通 PCR 相同(任少堂等,1995)。这一方法源于 Ombrouck(1997)等采用 9 对不同引物,在 9 个不同位点上同时开始 PCR 反应,从而获得不同的 DNA 基因片段。随后 Asimk(1990)等对环境中不同属细菌的相关基因序列同时进行 PCR 扩增进行了改进,结果显示不同的 PCR 扩增引物可用于检测不同的微生物细菌。

(3)免疫 PCR　免疫 PCR(Immuno PCR,Im - PCR)是利用抗原与抗体的特异性结合能力而发明的一种微量蛋白质检测技术,此技术基于 PCR 反应的高灵敏性,是指以 DNA 分子作为标记物,免疫反应、PCR 扩增和电泳分析同时进行的免疫试验(曾常茜等,2002;Sano et al. ,1992),此法把 PCR 的扩增能力与抗原抗体反应的特异性结合起来,极大地提高了检测抗原的灵敏度。所用 DNA 分子标记物可以是任意选定的一个固定的分子,所以只需要设计合成一对引物就可以完成检测任务。

(4)巢式 PCR　巢式 PCR(Nested PCR)是一种变异的聚合酶链反应,其使用两对 PCR 引物扩增完整的目的片段(李君文等,1996;张放等,1995;张莉萍等,1998)。第一对 PCR 引物扩增片段和普通 PCR 相似。第二对 PCR 引物称为巢式引物(因为这对引物在第一次 PCR 扩增片段的内部),其结合在第一次 PCR 产物内部,使得第二次 PCR 扩增片段短于第一次扩增。巢式 PCR 的优点在于,如果第一次扩增产生了错误片断,则第二次扩增能在错误片段上进行的概率将会变得极低。这使得巢式 PCR 扩增特异性极高。这项技术对环境中微生物的检测和单拷贝基因靶 DNA 的扩增效率极高。

(5)标记 PCR　标记 PCR(Labeled PCR)指用荧光素、同位素等标记物对 PCR 引物 5′末端标记后而进行的 PCR 扩增(Hayashi et al. ,1989)。不同荧光素标记 PCR 引物后,其 PCR 扩增产物会带有不同颜色,肉眼可直接观察到,因此这种 PCR 又可称之为彩色 PCR。标记 PCR 与常规 PCR 相比较,更为直观,且省去了酶切及分子杂交等烦琐的步骤,一次性可同时分析多种基因成分,故此法对于大量临床标本的基因诊断特别适用。

(6)热启动 PCR　热启动 PCR(Hot start PCR)指使 *Taq* DNA 聚合酶在样品温度超过至少 70℃时才发挥作用的 PCR(肖文华,1996),是一种改良的 PCR 技术。其操作原理为:在常规 PCR 反应中,除一种主要反应试剂(如 *Taq*DNA 聚合酶或引物或 dNTPs)外,其他反应试剂均一次性加入,当程序升温至 70℃以上时,再补加缺省的反应试剂;或者所有反应试剂均一次性全部加入,当程序升温至 70℃以上时再将反应试管置于 PCR 扩增仪上扩增。该技术同时减少了非特异性扩增产物的出现和引物二聚体的形成。

（7）定量 PCR　定量 PCR（Quantitative PCR）指用外标法（同位素或荧光标记的探针）通过自显影术或检测荧光的强度来对扩增的模板 DNA 进行定量分析检测的 PCR 技术（林玲，1999）。其原理为：每个循环反应的 PCR 产物均是下一个循环反应的底物，并且按指数倍扩增，因此可用方程式 $Y = X(1 + E)n$ 来推算起始模板核苷酸量（Y 代表 PCR 产物，X 代表起始模板核苷酸的量，n 代表反应循环数，E 代表一个常数且只能在 20～30 个循环周期中保持相对恒定），随后 PCR 扩增反应减慢直至为 0，扩增过程到达“平台期”。但是，PCR 反应进行前的 DNA 模板提取效率的差异以及 PCR 反应过程中任一成分的细微变化均可导致最终结果的巨大差异性。目前，精准的 PCR 定量方法还在研究中。

（8）其他 PCR 技术　包括反向 PCR、锚定 PCR、不对称 PCR、加端 PCR、重组 PCR、玻片 PCR 等 PCR 技术，其原理及应用见相关文献（陈启明等，2001；迪芬巴赫，2000；潘耀谦等，1999；张学敏等，1999），在此不再赘述。

三、PCR 技术在微生物检测领域的应用

PCR 技术自问世以来，因其高特异性、强敏感性、易操作性、短时间性等特点，被人们应用于快速检测食品微生物和医学微生物等领域。目前，许多学者对于 PCR 快速检测理论及应用做了大量的研究和探讨，并研制成功了多种技术成熟的商品化试剂盒（胡稳奇等，1994；李平兰，1998；李君文等，1997；叶怀庄等，1996）。

1. PCR 技术检测微生物的原理

PCR 检测微生物的原理：如本章第二节所述，PCR 技术用于选择扩增目的 DNA 主要体现在引物的选择上，PCR 引物决定了扩增区段及扩增片断的大小。比如，在细菌 DNA 的高度保守序列内设计一对引物进行 PCR 扩增反应，其结果是每种细菌都有片断扩出；如果选择在细菌属特异性序列内设计 PCR 扩增引物，则只有该属细菌片段能被扩增出；如果选择在种特异性序列内设计 PCR 扩增引物，则只有该种细菌有特定片断被扩增出。反之，可根据已知的细菌遗传序列，设计出某种特定 PCR 引物，进行 PCR 反应：若扩增出特定长度的 PCR 产物，则表明 PCR 扩增模板必定是该细菌的 DNA，即存在这类细菌，反之则无。

PCR 扩增反应仅在 2～3h 就可完成，这就使得原来采用数天培养的常规检测在几小时内便可完成，极大地缩短了检测时间，提高了检测效率。此外，PCR 还可直接扩增检测特定的基因序列，简化了检测任务，充分体现了 PCR 检测技术的无比优越性（李平兰，1998；叶怀庄等，1996）。

2. PCR 技术检测微生物的操作步骤

(1)浓集目标微生物(增菌培养)　由于某些待检目标微生物的浓度过低，常采用浓集的方法增加目标微生物的浓度，以满足 PCR 技术检测的基本要求。目前浓集微生物的方法主要有物理吸附法、滤膜收集法、离心法等。在浓集效果不理想或目标微生物不宜浓集时，也可将待检微生物进行试验前培养以增殖。

(2)提取核酸　试验样品经浓集后，处理样品暴露核酸，以便于下一步 PCR 扩增反应进行。核酸暴露的方法包括物理法、化学法及生物法。物理法比如加热法和反复冻融法，化学法如化学试剂裂解法，生物法如生物酶法等。张学敏(1999)等用试验证明，细菌的浓度小于 100 个/μL 时，裂解产物可直接进行 PCR 扩增反应。Asimk(1991)等使用 FGLP 和 FHLP 两种不同的膜处理水样品后，再经过 6 个反复冻融循环后，直接以粗提核酸为试验原料进行 PCR 扩增反应，成功检出水样品中的沙门菌(*Salmonella*)和志贺菌(*Shigella*)等。

(3)PCR 扩增　PCR 扩增反应的成败关键取决于引物(Primers)的设计是否合理。PCR 扩增引物的设计原则见“PCR 扩增体系”小节。优化 PCR 扩增反应的参数非常重要(奥斯伯等，1998；李谦等，2001；袁长青等，1999)。PCR 反应参数一般包括：退火温度、引物浓度、底物浓度及 DNA 模板浓度等。通常采用较高的退火温度、较低浓度的 dNTPs、引物浓度和 Mg^{2+}，可降低非特异性 PCR 扩增产物和引物二聚体的出现概率。

(4)PCR 扩增产物的检测　两种方法：探针杂交法和琼脂糖凝胶电泳法(叶怀庄等，1996)。一般最常用的是琼脂糖凝胶电泳法。

①探针杂交法：PCR 扩增产物在硝酸纤维素膜上与标记探针进行杂交后，通过显色反应即可判定试验结果。

②琼脂糖凝胶电泳法：琼脂糖浓度随目的 DNA 片断大小不同而不同。

DNA 片断越大，琼脂糖浓度越小，反之，DNA 片断越小，琼脂糖浓度将越大。电泳完毕后在将凝胶置于凝胶成像系统内观察，照相，分析结果。此法操作相对探针杂交法更加简便。所以，常采用凝胶电泳法检测一般性的 PCR 扩增产物(李凤义，1996；胡稳奇等，1994)。

3. PCR 技术检测微生物的优缺点

通过菌落计数来判断菌体浓度以达到检测微生物的目的，即常规的平板培养检测法，操作简便，但耗时较长，检出结果快则 2～3d，慢则 7～10d。相比之下，采用 PCR 技术则可快速、特异性地扩增出待检样品目的 DNA 片断，可快速判断某种微生物存在与否，其灵敏度非常高。此外，一些人工操作难以培养或者无法培养的微生物也可通过 PCR 技术检测得到，这给试验的诊断带来了极大的便利。尽管如此，PCR 技术难免也有缺陷，致使其仍未能完全代替传统的平板培养检测法而成为一种常规检测方法。

(1)假阳性　PCR 技术用于检测微生物时，最大的问题就是核酸被污染导致出现假阳性结果，PCR 技术其极高灵敏度就在于此。核酸污染在 100 个以内的分子水平上即可导致假阳性出现。导致假阳性问题的主要原因是扩增产物的污染以及扩增标本之间的交叉污染。相比之下，扩增产物的污染更为严重，也更容易发生。经历一个标准的 PCR 反应程序，即可有大量扩增产物产生。防止假阳性，必须严格规范试验操作程序（迪芬巴赫，2000；张学敏等，1999），而且每次试验必须设置阴性对照，以判断是否有假阳性问题存在。

（2）假阴性　提取的试验样品核酸模板中若存在抑制 PCR 扩增的杂物质，扩增结果则有可能失败，产生假阴性问题。因此，每次试验也同时必须设置阳性对照，以判断是否有假阴性问题存在。

（3）检测难以达到定量　如今，PCR 技术应用于检测微生物的结果表现两种：定性的“无”或“有”，而不能进行定量检测。PCR 技术的定性检测分析对于判定某些微生物的存在有积极意义，譬如检测某些未知的致病微生物就非常适用。但要达到定量的检测效果，使 PCR 检测更具价值性，依靠定性的 PCR 技术很难实现，同时这也限制了 PCR 检测技术在微生物方面的广泛应用。数年来，众多学者对定量 PCR 的应用进行了广泛的探讨研究，但因其技术存在较多的影响因素，要达到真正的定量还有很大困难（林玲，1999），必须经过更多的科学实践进行探究。

虽然定性 PCR 技术存在一定的缺陷，导致其推广、应用受到限制，但此技术的高灵敏性和高特异性的特点，已使其在检测分析食品和医学微生物等领域获得了广泛应用（曹泽虹等，2001；胡稳奇等，1994；李凤义，1996；李君文等，1997；李平兰，1998；叶怀庄等，1996）。最近几年来，有关应用 PCR 技术检测微生物的研究与日俱增，报道频繁，尤其是在致病食品微生物检测领域，其优越性越来越受关注（胡稳奇等，1994；李凤义，1996；叶怀庄等，1996）。

4. PCR 技术检测食品微生物的应用

目前 PCR 技术主要集中用于检测医学微生物和致病性食品微生物。国内外已经报道了很多关于 PCR 技术检测医学微生物的研究：PCR 技术可成功检测诸多医学微生物，比如甲肝（HAV）病毒、艾滋病（HIV）病毒、丙肝（HCV）病毒、乙肝（HBV）病毒、乳头瘤病毒、疱疹（HSV）病毒、嗜血杆菌（Hib）、结核杆菌、淋球菌（NG）、伤寒杆菌（李凤义，1996；李君文等，1997；叶怀庄等，1996；Abravaya et al.，2000），并且伴随着很多 PCR 检测试剂盒的成功研制及应用。对于食品微生物而言，PCR 技术主要应用于致病性食品微生物的快速检测（曹泽虹等，2001）。

（1）沙门菌的 PCR 检测　沙门菌是肠杆菌科中一类重要的致病菌，此菌引起的食物中毒占食源性疾病中细菌食物中毒病例的 70% ~80%（马立农，2005），基于 PCR 技术独特的优点（快速、简便、敏感、特异），国内外许多科研工作者自 20 世纪 90 年代就开始探讨利用 PCR 技术检测食品及环境中的沙门菌（陈金顶等，2004；黄金林等，2002；康明等，2005；沈正达，2003；曾晓芳，2003；Collette et al.，

2003;Judy et al. ,1993)。根据 GenBank 沙门菌侵袭蛋白 A(invA)设计合适的 PCR 扩增引物,即可在 3h 内完成对沙门菌的检测,比常规检测方法更省时、更高效。目前,还有一些学者在探索利用 real – time PCR 技术检测沙门菌(方平等,2010),使得 PCR 技术检测沙门菌的应用更加精确、可靠、高效。

(2)副溶血性弧菌的 PCR 检测　副溶血性弧菌(*Virbio parahemolyticus*,VP)是一种嗜盐菌,最早由日本 Fujino 等从患者的粪便中分离获得。Sakazaki(1968)等将此菌命名为副溶血性弧菌。由副溶血性弧菌引发的食物中毒已成为最常见的食源性疾病之一。近年来,李晓虹(2007)等针对副溶血性弧菌种特异性基因——不耐热溶血素(TLH),设计特异性扩增引物,扩增副溶血性弧菌 450bp 片段,具有极高的特异性,扩增灵敏度可达 15CFU/mL。2009 年,Anuj Tyagi(2009)等针对贝类肉中的副溶血性弧菌,建立了一种高效、灵敏、快速检测的实时 PCR 方法,最低检测限可达到 10^2CFU/mL。目前,商业化的 PCR 检测副溶血性弧菌的试剂盒已有销售。

(3)大肠杆菌的 PCR 检测　致病性大肠杆菌(*E. coli*)主要包括肠出血性大肠杆菌(enterohemorrhagic *E. coli*,EHEC)、肠侵袭性大肠杆菌(enteroinvasive *E. coli*,EIEC)、产肠毒素大肠杆菌(enterotoxigenic *E. coli*,ETEC)、肠肠聚集性大肠杆(enteroaggregative *E. coli*,EAggEC)、致病性大肠杆菌(enteropathogenic *E. coli*,EPEC)等,其中以肠出血性大肠杆菌中的 O157:H7 致病性最强,它可导致出血性结肠炎,甚至死亡(罗萍等,2008)。目前检测 O157 菌株的方法最常用技术之一就是 PCR 法(Muller et al. ,2006;Yang et al. ,2007),PCR 技术检测 O157 菌株是通过扩增编码大肠杆菌的 O 抗原脂多糖的基因(rfbE)实现的(Wang et al. ,2002;Hsu et al. ,2005;Yu et al. ,2006)。随着生物技术的进一步发展,衍生的 PCR 技术也逐渐用于检测大肠杆菌,巢国强(2010)、尹传宝(2010)、周微(2009)等研究并建立了实时荧光定量 PCR 技术检测食品中的大肠杆菌,为进一步的检测技术发展提供了良好的理论指导。

(4)单核李斯特菌的 PCR 检测　单核李斯特菌属于典型的胞内寄生菌,是引起人畜共患和食源性疾病的一种致病菌,20 世纪 90 年代被列为四大病原菌之一。魏建忠(2006)等应用 PCR 技术检测猪肉样品,单核李斯特菌的检出率为 1.7%。Justin O Grady(2008)等以李斯特菌的 ssrA 基因为靶基因,建立了一种快速检测肉类中李斯特菌的实时 PCR 方法。

(5)金黄色葡萄球菌的 PCR 检测　金黄色葡萄球菌是一种非常重要的食源性致病菌,受其感染可引起多种疾病的发生。刘景武(2005)等以此菌的耐热核酸酶基因 nuc 为靶基因,设计扩增获得 279bp 的 PCR 扩增产物,此方法可在 6h 内完成对鸡、牛、羊、猪肉中金黄色葡萄球菌的 PCR 检测,检出限可达 10CFU/mL。郭宏(2009)选择金黄色葡萄球菌的一个高度保守基因——FemB 基因作为靶基因,

应用 *Taq*man 探针设计扩增，建立了一种快速、特异并定量检测金黄色葡萄球菌的荧光定量 PCR 检测法。

（6）志贺菌的 PCR 检测　志贺菌属革兰阴性杆菌，是一类具有高度传染性的肠道致病菌之一。陈伟（2009）等利用 PCR 技术，以感染志贺菌的猪肉为试验原材料，提取志贺菌基因组 DNA 进行 PCR 扩增检测，完成时间少于 8h，最低检出限达 5CFU/g。马宏（2006）等分别以志贺菌的 ShET－1B、ShET－2、ipaH、ial4 四种毒力基因为靶基因，建立了一种快速、灵敏、特异及稳定的同时检测这四种基因的多重 PCR 检测方法。

第五节　真菌 DNA 提取

真菌 DNA 的提取是当代分析生物学研究真菌的基础，在真菌的基因工程中占有非常重要的位置。然而，很多真菌都有比较特殊的细胞壁结构，与其他微生物相比较而言，大多真菌的细胞壁比较坚硬，因此对于制备真菌基因组 DNA 就显得比较困难（崔菲等，2011），而对于一些气生菌丝特别发达的青霉属真菌，其菌丝较易生成褐色或者黑色的色素等，使其基因组 DNA 的提取更为困难。

传统的提取方法有玻璃珠——盐析法、CTAB 法等。随着科学技术的发展，研究水平的提升，为了满足真菌 PCR 检测技术的开展，建立快速、高效、稳定的真菌基因组 DNA 制备方法是必需的。常见的简单快速提取真菌 DNA 方法有微波法、冻融法、异硫氰酸胍法、氯化苄法等。

微波法主要是用于丝状真菌 DNA 的提取，先用酸洗石英砂研磨菌丝体至菌落分散至单个细胞，即无成团菌丝体存在。然后，加入裂解液振荡裂解，后放入微波炉中，特别注意不要使菌液受热过度而喷出来。微波后加入抽提液，加入 Tris 饱和酚氯仿抽提，离心。取上清液加入等体积的异丙醇沉淀，离心后取其沉淀。最后，用 70% 的乙醇洗涤风干，TE（Tris－EDTA）溶液溶解，－20℃保存备用。

在现在分子生物学试验中，冻融法提取真菌基因组 DNA 主要是采用液氮冷冻的方法来提取真菌的基因组 DNA（曾东方等，2000），但是该方法操作相对烦琐，而且容易造成人为冻伤，所以在使用该方法提取 DNA 的时候要求操作人员非常小心。

另外，钟玲等（1997）用氯化苄法分离提取了巴西周甄螺菌、野油菜黄单胞菌等细菌以及熊状真菌斜卧青霉的基因组 DNA，并指出该提取方法方便快捷，所提的 DNA 纯度高，适用范围较广。之后，薛淑静等（2006）采用改进的氯化苄法提取到了酿酒酵母以及扩展青霉菌的基因组 DNA，并且得到了质量好，产量高的 DNA，而且还可直接用于后续的操作。氯化苄法是一个经济适用，简便易操作的提取真菌 DNA 的方法，并且该方法所需的样品量较少。

使用异硫氰酸胍法主要是进行 RNA 的提取及碱性条件下对 DNA 进行提取，例如程华等（2005）用该方法从玛咖叶片中提取到了质量较高的总 RNA。而李晓红等则用碱性异硫氰酸胍沸腾法，在沸腾条件下用碱性异硫氰酸胍 - Tris 饱和酚 - Tris 试剂（GTP 试剂）抽提到了申克孢子丝菌以及真菌白念珠菌、须癣毛癣菌、犬小孢子菌、光滑念珠菌等的 DNA。

第六节　克隆测序

为了从分子水平上确认所扩增产物就是目的 DNA，还需要将 PCR 扩增后的产物 DNA 进行测序，一般采用克隆测序，就是将提取纯化后 PCR 扩增产物连接到 T - Vecter 上，制备成质粒，然后将其转化到已经制备好的感受态细胞中，通过蓝白筛选来选择阳性结果，然后提取阳性结果的质粒 DNA，所提质粒 DNA 经过双酶切反应后，进一步进行电泳检验，以鉴定其结果是否为阳性，然后将阳性验证后与之对应的原菌体送出测序，最后将测得的结果与 GeneBank 中的基因序列进行 BLAST（基本局部比对检索工具）比对。

一、感受态细胞的制备

感受态是指细胞处于一种能够吸收 DNA 的状态，处于感受态的细胞就称作感受态细胞。转化是指重组 DNA 分子导入受体细胞的过程。

$CaCl_2$法制备大肠杆菌感受态细胞最早是由 Cohen 在 1972 年发现的，该方法的原理是，当细菌处在 0℃、$CaCl_2$低渗溶液的环境中时，它的细胞就会膨胀最终形成球形，同时，在转化混合物中含有的 DNA 则形成抗 DNA 酶的羟基钙磷酸型复合物，黏附在细菌细胞的表面，经过短时间 42℃的热处理后，能够促使细菌细胞将其吸收。经过该处理的细菌细胞被接到培养基上生长一段时间之后，使得该细胞得以增殖，而其中被转化进去的重组子也得到了表达。然后，再将其涂布到倒置有选择性培养基的平板上，37℃，过夜，就可以挑选出所需要的转化子。

制备感受态细胞的流程如图 1 - 6 所示。

Ca^{2+}能够结合于细胞膜上，改变其通透性，使细胞膜呈现一种液晶态，然后在冷热交替变化的刺激下，液晶态细胞膜的表面就会出现裂隙，从而使得外源 DNA 进入。

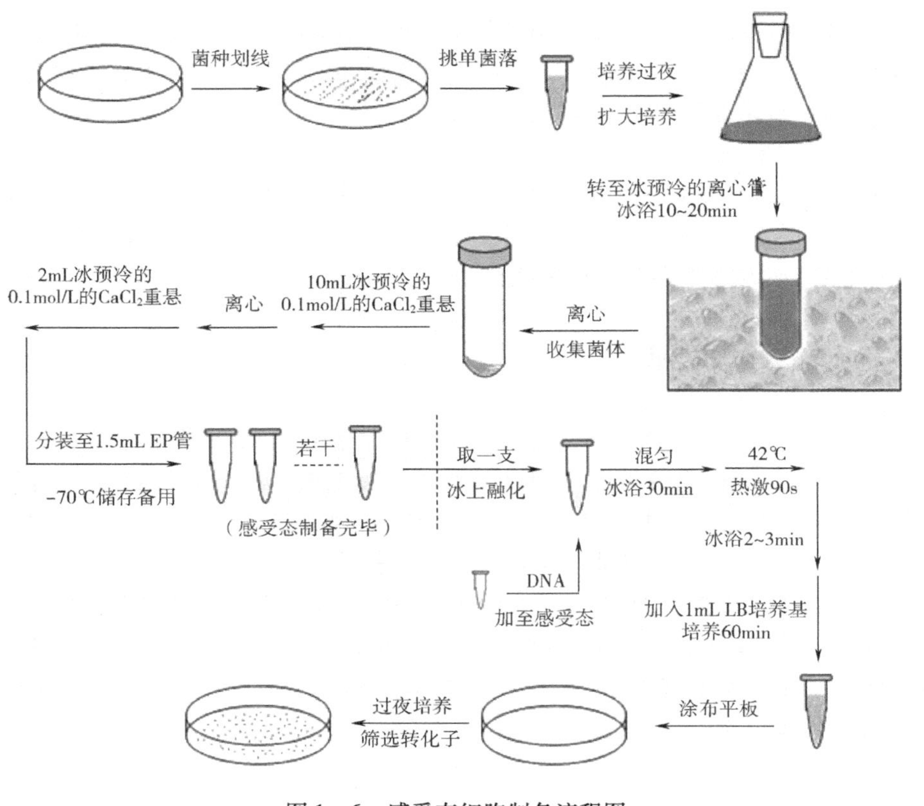

图 1－6　感受态细胞制备流程图

二、蓝白筛选的原理

野生型大肠杆菌能够产生一种 β－半乳糖苷酶，它能够跟无色的 X－gal（5－溴－4－氯－3－吲哚－β－D－半乳糖苷）反应从而生成一种深蓝色物质 5－溴－4－靛蓝；而大肠杆菌 DH5α 是一个 β－半乳糖苷酶缺陷型菌株，它的染色体中编码 β－半乳糖苷酶的基因发生突变，使 β－半乳糖苷酶没有了生物活性，因此，它不能跟 X－gal 反应产生蓝色物质。

载体（pMD® 18－T Vector）上有一段 lacZ 基因，在该基因片段上有一段 β－半乳糖苷酶的启动子、一段编码 α 肽链的区段和一个多克隆位点（MCS），其中 MCS 是外源 DNA 的选择性插入位点，位于编码 α 肽链的区段中。

当宿主菌体上有带 lacZ 基因的质粒，由质粒的 lacZ 基因编码的 α 肽链，能够宿主菌株基因组表达的 N 端缺陷 β－半乳糖苷酶突变体互补，从而具有跟完整的

β - 半乳糖苷酶相同的功能，这种现象称为 α - 互补，该互补产物同样能够作用 X - gal 生成蓝色物质，另外在操作时会添加 IPTG，它能够诱导 LacZ 的表达，从而使 lacZ 中的 β - 半乳糖苷酶的启动子激活，从而就能够分解 X - gal，因此在含有 X - gal 的固体平板培养基中菌落就会呈现蓝色。

而当宿主菌株被导入目的片段 DNA 和带 lacZ 的质粒时，DNA 会连接到载体上，并插入到 MCS，从而使 α 肽链不能被表达，继而不会发生 α - 互补作用，也就不会产生活性的 β - 半乳糖苷酶，自然就不能分解培养基中的事先添加的 X - gal 而产生蓝色物质，培养表型就呈现白色菌落。

三、电泳的原理

电泳技术是分子生物学的基础技术，其原理是由于 DNA 分子处于大于其等电点的 pH 的溶液中会带负电荷，因此在电场中就会向正极方向移动，而且在结构上其糖 - 磷酸骨架有着重复性，拥有等数量碱基对的双链 DNA 几乎有着相等的净电荷，所以它们能够以相同的速率往正极迁移。

相同的电场强度下，DNA 分子在电泳槽中的移动速率主要是取决于其分子的大小以及分子构型，而且该速率与其分子量的对数有着反比关系。利用琼脂糖凝胶电泳既可以分离分子质量不同的 DNA，也可以将相同分子质量、构型不同的 DNA 分子得以分离。

第七节　本研究的目的、意义、内容及技术路线

一、研究目的及意义

我国自成为世界上最大的苹果及苹果浓缩汁生产国以来，其苹果产品的质量安全面临着极大的国际挑战，其中棒曲霉毒素问题就严重影响着我国苹果汁加工业及其出口贸易，这使得苹果汁的质量安全成为苹果汁出口贸易的壁垒。鉴于此，对于如何有效检测控制棒曲霉毒素主要产生菌——扩展青霉，积极预防棒曲霉毒素污染苹果及苹果产品成为研究的焦点。目前国内外对于棒曲霉毒素的控制研究主要集中在以下三个方面。

(1)如何利用先进的检测技术定性、定量检测棒曲霉毒素。

(2)如何降解、去除已检测到的棒曲霉毒素。

(3)分离并鉴定棒曲霉毒素产生菌，采取有效措施控制其生长、繁殖及代谢。

许多科研工作者对于前两个方面做了大量的研究与探索，并取得了积极的成果，但是对于第三个方面的研究依旧欠缺，需要做更大的努力从控制棒曲霉毒素产生菌这个根本点上解决苹果及苹果产品的污染问题。

本研究旨在基于 PCR 技术快速检测的优点，建立一种快速检测扩展青霉的生物学方法，以期从根源上控制棒曲霉毒素产生菌的生长繁殖，确保苹果产品的质量安全，同时也为 PCR 检测扩展青霉的实际应用提供理论借鉴和方法指导。

二、研究内容

(1)扩展青霉(*Penicillum expansum*)基因组 DNA 的提取方法筛选。

(2)PCR 技术快速检测扩展青霉(*Penicillum expansum*)条件优化。

(3)腐烂苹果中扩展青霉(*Penicillum expansum*)的 PCR 快速检测研究。

三、研究的技术路线

研究的技术路线如图 1－7 所示。

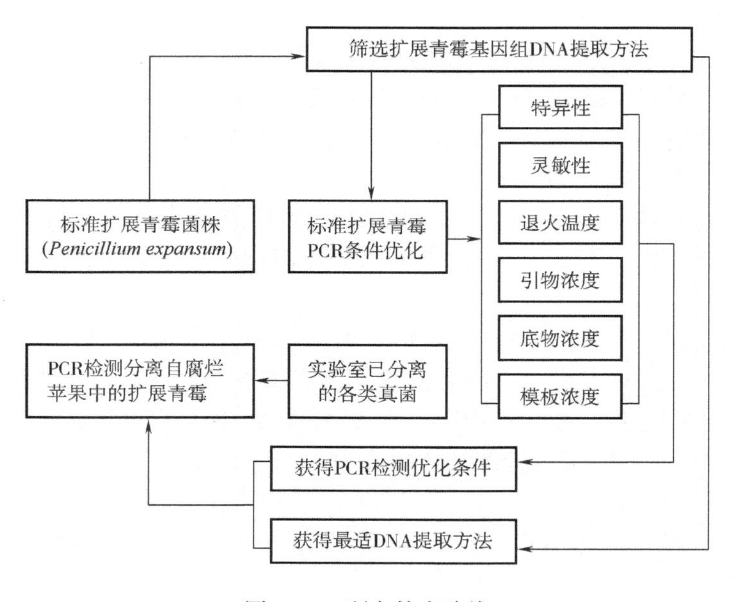

图 1－7　研究技术路线

第二章　扩展青霉基因组 DNA 的提取

微矩阵和 PCR 等分子技术被广泛地应用于食品追溯、基因组制图、标记辅助选择、遗传病和过敏性疾病的诊断等科学研究中(D'Angelo et al. ,2007)。得到足够量的高品质 DNA 是这些应用技术的先决条件,而就这一点而言,选择一个合适的 DNA 提取方法有着相当重要的意义,而对于不同的样品,适合于提取 DNA 的方法不同(Psifidi et al. ,2009)。

扩展青霉是引起苹果腐烂的主要真菌,也是苹果及未发酵苹果汁中棒曲霉毒素的主要产生菌(Niessen,2007)。棒曲霉毒素是一种对人体有害的真菌毒素。在苹果以及苹果制品的加工生产上减少棒曲霉毒素最有效的方法就是剔除感染或携带有扩展青霉的苹果以及对果汁的吸附去除,要剔除污染扩展青霉的苹果,早期的检测是重要的手段之一。而要实现这种检测,传统的培养法耗时费力,达不到在线的目的,而 PCR 方法却具有明显的优势,但是 PCR 方法需要有高质量的扩展青霉 DNA。

扩展青霉是一种多细胞的丝状真菌,属真核微生物,细胞壁结构紧密、坚固,其细胞壁主要构成成分以几丁质为主,而几丁质是由 N - 乙酰葡萄糖胺分子以 β - 1,4 葡萄糖苷键连接而成的多聚糖,结构稳定坚固,由于扩展青霉细胞结构,尤其是细胞壁结构的特殊性,其基因组 DNA 的提取比较困难。

目前,虽然有很多关于提取真菌 DNA 方法的报道(吴发红等,2009;张宁等,2004;Black et al. ,2007;Aldaghi et al. ,2009;Haugland et al. ,1999;Zhang et al. ,2010),但却没有对这些方法的优缺点以及提取效果进行比较。本研究在对扩展青霉进行 PCR 扩增的研究过程中发现,不同的 DNA 提取方法,扩增的效果差异较大。因此,有必要对现有适用于提取扩展青霉 DNA 的方法的优缺点进行比较,以期找到一种高质高效的适合于扩展青霉基因组 DNA 的提取方法,从而为从分子水平上研究扩展青霉提供理论依据和技术支持。

第一节　材料与方法

一、试验菌株与培养基

扩展青霉(*Penicillum expansum*):加拿大国家食品安全研究所提供。

察氏培养基:于 200mL 蒸馏水中依次添加 1.0g K_2HPO_4、0.5g $MgSO_4 \cdot 7H_2O$、3.0g $NaNO_3$、0.01g $FeSO_4 \cdot 7H_2O$、0.5g KCl,搅拌使其全部充分溶解,加水定容至 1000mL,用量筒分装于三角瓶中并定量,按照各三角瓶中溶液体积所占总溶液体积的比值,将 30g 蔗糖、15g 琼脂粉(液体培养基不添加)分装到各三角瓶中,加盖硅胶塞,置于 0.1MPa(121℃)灭菌 30min,备用。

二、主要试剂

氯化苄法提取液(提取液①):pH 9.0,100mmol/L Tris – HCl;pH 8.0,40mmol/L EDTA。

蜗牛酶法缓冲液Ⅰ:0.9mol/L sorbitol + 0.1mol/L EDTA;缓冲液Ⅱ:50mmol/L Tris – HCl + 20mmol/L EDTA;缓冲液Ⅲ:10mmol/L Tris – HCl + 1mmol/L EDTA。

CTAB 法提取液(提取液②):pH 为 8.0,100mmol/L Tris – HCl;pH 8.0,20mmol/L EDTA;20g/L CTAB;0.7mol/L NaCl;10g/L PVP。

SDS 法提取液(提取液③):4% SDS;pH 8.0,100mmol/L Tris – HCl;pH 为 8.0,10mmol/L EDTA。

异硫氰酸胍法提取液(GTP 试剂):6mol/L 异硫氰酸胍 + pH 8.3,50mmol/L Tris + pH 8.0 等体积 Tris 饱和酚。

5 × TBE 缓冲液(储备液):称取 54g Tris – 碱,27.5g 硼酸,20mL 0.5mol/L EDTA(pH 为 8.0),加水至 1000mL,充分溶解,待用。使用时稀释 10 倍,用 0.5 × TBE 缓冲液。

三、主要仪器

立式压力蒸汽灭菌器	上海通迅实业有限公司医疗设备厂
QYC200 培养摇床	上海福玛实验设备有限公司
QL – 901 涡旋振荡器	海门市其林贝尔仪器制造有限公司

HC－3018R 高速冷冻离心机	安徽中科中佳科学仪器有限公司
HWS－380 智能恒温恒湿培养箱	宁波海曙赛福试验仪器厂
SW－CF－1F 型超净工作台	苏州安泰空气技术有限公司
CS101(3)型电热恒温鼓风干燥箱	重庆试验设备厂
UV－3802H 紫外－可见分光光度计	尤尼科(上海)仪器有限公司
PTC－200PCR 仪	美国 MJ RESEARCH 公司
DYY－6C 型电泳仪	北京市六一仪器厂
Bio Doc 凝胶成像系统	美国伯乐公司
wp700(MS－2089TW)LG 微波炉	乐金(天津)电子电器有限公司
BCD－ZC6TDZA 冰箱	青岛海尔股份有限公司
PHS－3C 雷磁 pH 计	上海精密科学仪器有限公司
JA2003N 电子天平	上海精密科学仪器有限公司
科伟 HSY2－SP 水浴锅	北京科伟永兴仪器有限公司

四、菌体培养与收集

在无菌条件下,将活化好的扩展青霉分别转接到灭菌的察氏固体培养基和灭菌的察氏液体培养基上,将部分液体培养的菌体置于25℃摇床振荡培养5～6d,其余菌体全部放置于真菌培养箱中25℃培养5～6d。

无菌操作条件下,用接种环分别从培养好的固体培养基的平板上刮取适量菌体,或者从液体培养的三角瓶中挑取部分菌体,将收集到的菌体均以无菌生理盐水浸洗两次,然后用灭菌滤纸吸干备用。

五、DNA 提取方法

1. 氯化苄法

具体步骤如下(Zhu et al.,1993;张莉莉等,2000)。

(1)称取处理后的菌体 100mg 放置于 1.5mL 离心管中,加入 500μL 提取液①,使用涡旋振荡器充分振荡使之混合。

(2)加入 100μL 10% SDS,300μL 氯化苄溶液,剧烈振荡使之成乳状。

(3)水浴 50℃保温 1h,每隔 10min 振荡混匀一次。

(4)加入 300μL 3mol/L NaAc 混匀,冰浴 15min,4℃ 10000r/min 离心 15min。

(5)收集上清液,加入等体积异丙醇,－20℃放置 1h,10000r/min 离心 15min。

(6)弃上清液,沉淀加 500μL 70% 乙醇洗涤,待乙醇挥发完全后,加入 200μL 灭菌超纯水重悬 DNA,－20℃保存备用。

2. 蜗牛酶法

该法参照昂莎莎等(2009)的方法,略有改动,具体操作步骤如下所示。

(1)称取 100mg 处理后菌体,加入 600μL 缓冲液Ⅰ,600μL 50mg/mL 蜗牛酶,37℃水浴保温 1h。

(2)4℃ 3000r/min 离心 10min,去上清液,加入 800μL 缓冲液Ⅱ,100μL 10% SDS,混匀。

(3)65℃水浴 30min,加入 300mL 5mol/L NaAc,混匀后,冰浴 1h,4℃ 10000r/min 离心 15min。

(4)收集上清液,加入 2 ~3 倍体积无水乙醇,混匀后室温静置 10min,4℃ 6000r/min 离心 15min。

(5)弃上清液,加入 600μL 缓冲液Ⅲ溶解沉淀,4℃ 12000r/min 离心 15min,转移上清液至一新离心管。

(6)加入 2μL 50μg/μL RNase 溶液,37℃保温 30min,再加入等体积 4℃预冷的异丙醇,混匀后 -20℃沉淀 1h,12000r/min 离心 10min。

(7)弃上清液,沉淀加 500μL 70% 乙醇洗涤,待乙醇挥发完全后,加入 200μL 灭菌超纯水重悬 DNA, -20℃保存备用。

3. CTAB 法

在参照前人(陈锋菊等,2010)的操作方法基础上略有改动,具体操作步骤如下。

(1)称取 100mg 处理菌体到无菌研钵中,加入 600μL 提取液②和少许灭菌石英砂,在无菌的操作条件下研磨至糊状后,转移至一个灭菌的 1.5mL 离心管中(尽可能转移完全)。

(2)65℃水浴 30min,加入等体积的氯仿/异戊醇(24:1),充分振荡混匀。

(3)4℃ 8000r/min 离心 5min,收集上清液,加入 10% 体积的 3mol/L NaAc 和 2.5 倍体积的异丙醇,混匀后 -20℃沉淀 1h,4℃ 10000r/min 离心 5min。

(4)弃上清液,沉淀加 500μL 70% 乙醇洗涤,待乙醇挥发完全后,加入 200μL 灭菌超纯水重悬 DNA, -20℃保存备用。

4. SDS 法

参照唐良华等(2006)的研究方法,并在此基础上略做改动,具体操作步骤如下。

(1)称取 100mg 处理后菌体加入 600μL 提取液③和少许灭菌的石英砂,如 CTAB 法所示步骤研磨。

(2)65℃水浴 30min,迅速冰浴 5min,加入 300μL Tris 饱和酚和 300μL 氯仿,室温下放置 10min。

(3)12000r/min 离心 5min,收集上清液并加入等体积的氯仿,4℃ 12000r/min

离心 5min。

(4)收集上清液,然后加入 1/5 体积的 3mol/L NaAc 和 3/5 体积的异丙醇,室温放置 10min,12000r/min 离心 5min。

(5)弃上清液,沉淀加 500μL 70% 乙醇洗涤,待乙醇挥发完全后,加入 200μL 灭菌超纯水重悬 DNA,-20℃保存备用。

5. 异硫氰酸胍法

参照李晓红等(2005)的操作方法,并在其基础上略有改动,具体操作步骤如下。

(1)称取 100mg 处理后菌体,加入 500μL GTP 试剂,充分振荡,混匀。

(2)65℃水浴保温 30min,轻微离心后加入 250μL 氯仿/异戊醇(24:1),室温放置 10min。

(3)4℃ 12000r/min 离心 10min,收集上清液,然后加入 500μL 异丙醇,-20℃下放置 1h,取出后 4℃ 12000r/min 离心 10min。

(4)弃上清液,沉淀加 500μL 70% 乙醇洗涤,待乙醇挥发完全后,加入 200μL 灭菌超纯水重悬 DNA,-20℃保存备用。

六、DNA 检测方法

用紫外-可见分光光度计分别测定个样品 DNA 在 260nm、280nm、320nm 三个波长下的吸光度,根据式 2-1 计算出 DNA 的纯度以及 DNA 浓度,判断所提 DNA 的质量。

$$\text{DNA 纯度} = \frac{A_{260} - A_{320}}{A_{280} - A_{320}} \tag{2-1}$$

A_{260}是核酸最高吸收峰的吸光度,最佳测量值的范围为 0.1~1.0,如果不在此范围,稀释或浓缩样品,使之在此范围内;如果吸光度小于 0.05,检查是否存在操作因素(如移液不准确,样品内有悬浮物等)影响。

A_{280}是蛋白和酚类物质最高吸收峰的吸光度,比值可进行核酸样品纯度评估:纯 DNA 的 A_{260}/A_{280} 比值为 1.8,纯 RNA 为 2.0。如果比值低,表示受到蛋白(芳香族)或酚类物质的污染,需要纯化样品。

A_{320}用来反映检测溶液样品的浊度和其他干扰因子。该值应该接近 0.0。如果不是,表明溶液中有悬浮物,需要纯化样品。纯样品的 A_{320}一般是 0。

对于每种 DNA 提取方法分别做三个平行试验,然后对其分别测定后,取其平均值。

对于基因组总 DNA 的大小,用 0.7% 的琼脂糖凝胶电泳检测。

七、PCR 扩增方法

本研究引用 Marek 等(2003)根据 GenBank(Accession Number, AF 047713)中扩展青霉(*Penicillum expansum*)的 polygalacturonase(POL)基因序列设计引物(Yao et al. ,1998),其正向引物5′-ATC GGC TGC GGA TTG AAA G-3′,反向引物为5′-AGT CAC GGG TTT GGA GGG A -3′,该引物已被 Innis 等(1990)证实基于标准情况下可以扩增大小为404bp DNA 片段。引物均由生工(上海)生物工程技术服务有限公司合成,-20℃保存。

PCR 反应体系参照 Marek 等(2003),在 50μL 的混合体系中进行,其中含有 $MgCl_2$ 2.5mmol/L,dNTPs 200μmol/L,正反引物各1μmol/L,以及1.25U 的 *Taq*DNA 聚合酶和 10μg 的模板 DNA。

循环条件为,92℃预热 5min,92℃解链 1min,55℃退火 45s,72℃延伸 45s,30 个循环,然后 72℃延伸 7min。

八、凝胶电泳检测方法

取 10μL 所提扩展青霉基因组 DNA 与 6 × Buffer 混合后,点样到用溴乙锭(EB)染色的 0.7% 的琼脂糖凝胶上,来检测基因组总 DNA 大小。

同样,对于经过 PCR 扩增后的扩增片段的检测为,取 10μL PCR 扩增产物与 6 × Buffer(含有溴酚蓝染料)混合后,点样于用 EB 染色的浓度为 1% 的琼脂糖凝胶上,于 90V 左右的电压下进行电泳,当观察到溴酚蓝染料迁移到距离凝胶前沿 1 ~ 2cm 处,关闭电源,小心取出凝胶,将其置于凝胶成像仪上拍照进行比对。

第二节　结果与分析

一、培养方式的选择

用氯化苄法分别提取固体培养,液体静置培养和液体振荡培养的扩展青霉菌体的基因组 DNA,结果如表 2-1 所示。

表 2-1　　三种不同培养方式下扩展青霉 DNA 的提取结果

培养方式	检测指标			
	A_{260}	A_{280}	A_{320}	$(A_{260}-A_{320})/(A_{280}-A_{320})$
固体培养	2.630	1.333	0.016	1.914
液体振荡培养	2.833	2.223	0.009	1.274
液体静置培养	2.795	2.666	0.050	1.048

根据现有的研究得知,纯 DNA 的检测结果中$(A_{260}-A_{320})/(A_{280}-A_{320})$的比值应该在 1.8~2.0,如若太高(>2.0)说明可能有 RNA 污染的存在,相反若低于 1.8 则表明可能有酚或蛋白质的污染。其中,A_{320}的值表示检测结果的浑浊度,一般情况下应该比较小,有些接近于 0。

可以看出在提取方式相同的情况下,液体振荡培养和液体静置培养这两种培养方式用于提其基因组 DNA 的扩展青霉,所提 DNA 的效果均不如在固体培养方式下进行培养的提取。

二、五种提取扩展青霉基因组 DNA 方法的比较

通过本研究的进行,在实际试验操作的基础之上,对所选择的 5 种提取扩展青霉基因组 DNA 方法的操作特点在以下几方面做了比较,各方法主要优缺点的比较结果如表 2-2 所示。

表 2-2　　五种提取方法的比较

提取方法	方法优缺点比较					
	成本	操作时间/h	试剂危害性	仪器使用	操作步骤	倒管次数
氯化苄法	低	3	有毒可燃	相对复杂	烦琐	2
蜗牛酶法	高	5.5	无毒	简单	烦琐	5
CTAB 法	低	2	有毒	简易	简易	3
SDS 法	低	2	有毒	简易	简易	4
异硫氰酸胍法	较高	2.5	有毒	相对复杂	简易	2

在研究过程中发现,蜗牛酶法提取 DNA 成本高,操作时间长,倒管次数多,操作步骤烦琐,但整个 DNA 提取过程中没有涉及有害化学试剂的参与,试验相对较安全,且所用仪器设备相对简单,一般试验室可满足试验要求。

相比之下,氯化苄法、CTAB 法和 SDS 法试验成本较低,操作时间和倒管次数较蜗牛酶法明显减少,但是氯化苄是一种有毒、易燃、致癌并具腐蚀性的有机溶

剂,CTAB 和 SDS 均为有机去污剂,且操作过程中还用到了氯仿等危险有机溶剂,这对试验操作者和环境均构成了危害及潜在的污染。

而异硫氰酸胍是一种强烈的变性剂,该方法的成本相对偏高,且操作复杂,不宜被选用。

另外,CTAB 和 SDS 法需用研磨的方法来破除细胞壁,因为研磨的力度和破坏力较大很可能会造成部分 DNA 条带的断裂,而且在往离心管转移时会损失一部分菌体,致使结果误差偏大。

三、五种提取方法所提 DNA 结果的比较

本研究中所用到的《UV - 3802H 紫外 - 可见分光光度仪使用手册》给出 DNA 浓度计算公式如式 2 - 2 所示。

$$\text{DNA 质量浓度}(\mu g/mL) = (A_{260} - A_{320}) \times f_1 - (A_{280} - A_{320}) \times f_2 \quad (2-2)$$

式中 f_1——62.9

f_2——36.0

分别使用氯化苄法、蜗牛酶法、CTAB 法、SDS 法、异硫氰酸胍法,提取 100mg 经生理盐水处理后的固体培养方式下培养的菌体的总 DNA,在紫外分光光度计下检测,检测得到其紫外吸收光谱检测结果,如表 2 - 3 所示。

表 2 - 3　　五种方法提取扩展青霉 DNA 的结果

提取方法	检测指标			$\frac{A_{260} - A_{320}}{A_{280} - A_{320}}$	质量浓度/(μg/mL)
	A_{260}	A_{280}	A_{320}		
氯化苄法	2.311	1.215	0.016	1.914	101.180
蜗牛酶法	0.754	0.509	0.201	1.794	23.714
CTAB 法	2.883	2.792	1.218	1.058	48.065
SDS 法	3.732	3.538	0.977	1.075	81.052
异硫氰酸胍法	3.099	2.741	0.355	1.150	86.711

由表 2 - 3 可以看出:氯化苄法所提 DNA 纯度以及浓度均为最高,提取的 DNA 能够满足 PCR 扩增的要求;蜗牛酶法提取的 DNA 纯度较好但是浓度偏低,可能会对后期的 PCR 快速检测的检测环境造成一定的影响,从而影响检测结果;CTAB、SDS 法和异硫氰酸胍法三种方法所提得的扩展青霉 DNA 的量虽然比蜗牛酶法所提的 DNA 量大,但所提 DNA 的纯度较低,而相对比氯化苄法的量则要少得多,这可能对 PCR 扩增时的结果造成较大地影响,不适于检测。

四、电泳检测所提 DNA 的结果

将 5 种方法所提的 DNA 进行电泳检测,结果如图 2 - 1 所示。由图 2 - 1 可以看出,这 5 种方法所提的扩展青霉基因组 DNA 均在 20kb 左右有明显条带,条带亮度除了异硫氰酸胍法稍弱以外,其他 4 种方法所提的总 DNA 的电泳条带均明亮,这和表 2 - 2 中 DNA 浓度的测定结果一致,说明这 5 种方法均能提取出扩展青霉基因组 DNA,DNA 片段分子质量大约在 23kb。

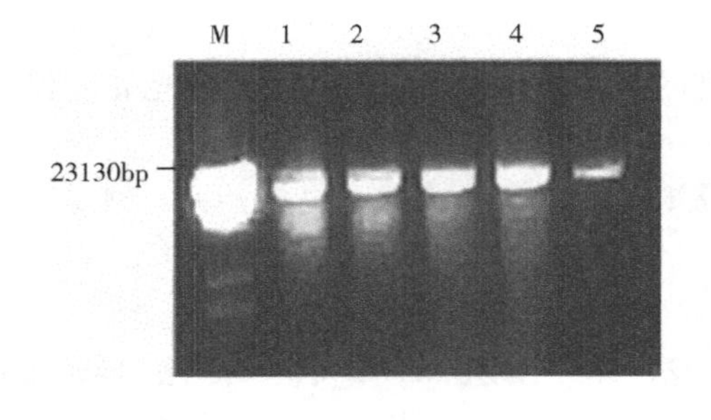

图 2 - 1　扩展青霉总 DNA 电泳

M—标准 DNA Marker λ - Hind Ⅲ digest;1—氯化苄法;
2—蜗牛酶法;3—CTAB 法;4—SDS 法 5—异硫氰酸胍法

五、PCR 扩增结果

PCR 扩增由上述 5 种方法所提取的扩展青霉 DNA,如图 2 - 2 所示。

氯化苄法、蜗牛酶法、异硫氰酸胍法 3 种方法所提取的 DNA 经过 PCR 及凝胶电泳检测,均得到了很好扩增,并且目的条带亮度较好,表明这 3 种提取方法都能满足 PCR 扩增的要求;而相同条件下,由 CTAB 法和 SDS 法提取的 DNA 所扩增的条带明显亮度不够,尤其是 SDS 法,目的条带亮度微弱到几乎看不到,与表 2 - 2 中的结果相比较,这两种方法所提 DNA 的浓度是相对较高的,但$(A_{260} - A_{320})/(A_{280} - A_{320})$值只有 1,远低于 1.8,可能是因为所提 DNA 的质量较差,操作步骤用到的化学试剂没有冲洗干净,对后期 PCR 扩增造成了较大影响。

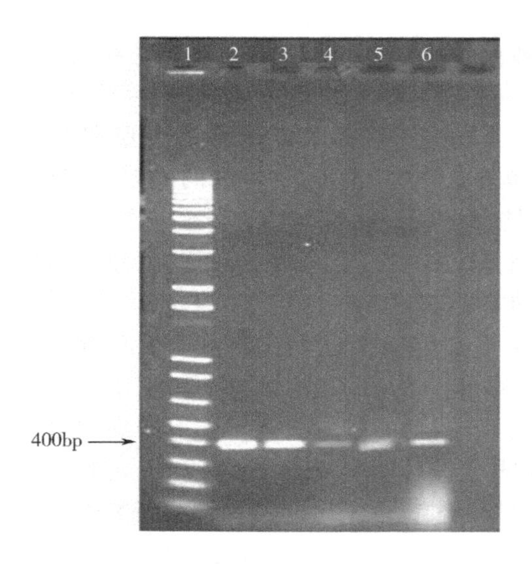

图 2－2　五种方法提取 DNA 的 PCR 产物电泳图

1—Marker DL－1000;2—氯化苄法;3—蜗牛酶法;
4—CTAB 法;5—SDS 法;6—异硫氰酸胍法

第三节　结论与讨论

随着近年来对分子生物学研究热度的提升,关于真菌 DNA 提取这一基础性研究也越来越受到人们的重视。而针对真菌 DNA 提取方法的研究也有不少报道,但是由于真菌细胞结构的多样性和复杂性,形态的对变形,不同的方法对同一种属的菌体或者同一种方法对不同的种属的菌体,所得到的结果都会有很大的差异,所提 DNA 的浓度和纯度会存在很大差别。在本研究中,用 5 种不同的方法来提取扩展青霉基因组 DNA,结果显示各种方法之间的重复性较差。

氯化苄法提取真菌 DNA 的原理是利用真菌细胞壁的 N－乙酰基葡萄糖胺的糖链上含有大量的羟基这一特点(邹先彪等,2010),氯化苄在碱性条件下可以与细胞壁多糖,包括纤维素和半纤维素的羟基作用,反应式为:$ROH + PhCH_2Cl + NaOH \rightarrow PhCH_2OR + NaCl + H_2O$,从而破坏细胞壁结构而使得细胞内 DNA 释放出来,该方法条件较温和,对细胞产生很小的机械撕裂作用(刘建利,2010)。又因为氯化苄与苯酚有着很相近的极性,因此它也有抽提蛋白的作用,并且能够附带抽提水相中其他的细胞残存物(钟玲等,1997),使破壁、抽提合二为一,简化了操作步骤,且所提得 DNA 的浓度及质量均较高,能够满足后期的 PCR 扩增。

蜗牛酶是一种从蜗牛的嗉囊和消化道中制备的混合酶,其中包含有纤维素酶、果胶酶、蛋白酶和淀粉酶等20余种酶,因其能够将几丁质内切酶分解的几丁质产物降解成单糖,可以用于真菌细胞壁的破碎,因此它广泛应用于细胞生物学和基因工程学的研究。蜗牛酶法提取DNA是一种温和无害的生物方法,是最安全的方法,但是其所提的DNA浓度偏低,可能的原因是在细胞原生质体形成的过程中释放了DNA酶降解了所提得的DNA。异硫氰酸胍是一种能够破坏植物和真菌的细胞壁的变性剂,是一种强烈的秩序扰乱剂(杨潇远等,2005),已广泛地应用于提取许多微生物的DNA和RNA操作中。在本研究中发现其虽能够提取DNA并得到清晰的扩增条带,但在试验过程中其重复性非常低,不利于试验操作及后期的研究。CTAB法和SDS法是比较常用的提取细菌DNA的方法,对于真菌DNA提取效果则不是非常理想,这两种方法在操作上用到的化学试剂相对偏多,可能存在某种PCR抑制剂,致使后期PCR扩增受到了一定的影响。

本研究在综合比较5种提取扩展青霉DNA的方法后,得出氯化苄法是最适合于提取扩展青霉DNA的提取方法,该方法所提得DNA的纯度好,浓度高,而且结果稳定性较高,是比较理想的扩展青霉基因组DNA的提取方法,且用于PCR扩增可以获得良好的结果。

第三章　腐烂苹果中的真菌分离与鉴定

第一节　材料与方法

一、材料与试剂

1. 试验材料

腐烂苹果分别采于陕西西安杨凌区、礼泉县、宝鸡市、白水县的果园，均为富士苹果。

2. 主要试验试剂

试剂主要为察氏培养基所需的 $FeSO_4 \cdot 7H_2O$、$MgSO_4 \cdot 7H_2O$、KCl、K_2HPO_4、$NaNO_3$、蔗糖、琼脂粉及 NaCl、NaAc、乳酸。

二、仪器与设备

数码显微照相 DMBA400 Motic 软件	东莞永盛电子仪器公司
SW－GJ－1F 超净工作台	苏州安泰空气技术有限公司
HWS－380 智能霉菌培养箱	宁波海曙赛福实验仪器厂
SPX－300B－Ⅱ生化培养箱	上海跃进医疗器械厂
ZHWY－2102 型恒温培养振荡器	上海智诚分析仪器制造有限公司
ES－315 型全自动高压灭菌锅	TOMY 公司
CS101－3 型电热鼓风干燥箱	重庆试验设备制造厂

JYC－19AS9 型电磁炉　　　　山东九阳小家电有限公司

三、方法与步骤

1. 样品处理

从每个苹果上称取 5g 腐烂部分，将同一地区的样品混合在一起进行破碎，制得果浆。称取 10g 果浆，加入 100mL 无菌水，充分振荡后进行梯度稀释至 10^{-8}倍。

2. 菌体培养

采用察氏培养基进行培养。察氏培养基的制备方法如下。

（1）先量取 50mL 蒸馏水于 250mL 烧杯中，按先后次序加入 K_2HPO_4、$MgSO_4 \cdot 7H_2O$、$NaNO_3$、$FeSO_4 \cdot 7H_2O$、KCl 溶液（或固体药），使其混匀。

（2）将溶液补足蒸馏水达总体积，装入三角瓶中，按比例加入蔗糖及琼脂，加棉塞包扎，在 0.1MPa（121℃）条件下灭菌 30min。

将配制好的梯度稀释液吸取 1mL 用涂布法涂板，设两个重复，在真菌培养箱中 28℃、相对湿度 90% 的恒温恒湿条件下静置培养。

3. 菌分离纯化

对培养箱中的平板观察，3～4d 后对平板上的菌落进行初步分离。挑取所有可见不同形态菌落用划线法分离于新培养基上继续培养。对初步分离的菌继续进行纯化培养，直至单个平板中形成单菌落。

划线方法：在超净工作台或无菌环境内打开培养皿盖的一边，将带有菌液的接种环在培养基平板上作平行划线 6～7 条，转动培养皿 60°左右，再用灼烧后冷却的接种环，通过第一次划线部分作第二次划线，再如上作第三次划线。注意划线时平板开口一边勿与操作者口腔相对，接种环勿碰平皿外边缘以避免杂菌进入平板内，同时勿使平板被划破。

4. 菌种记录、保存

将纯化好的菌种编号、菌落正反两面拍照。同时通过插片培养观察菌种的菌丝特征及孢子形成特点，进行显微照相。最后将所有分离得到的菌种放入 4℃ 冰箱斜面保存。

第二节　结果与分析

一、棒曲霉素产生菌的主要种类

1. 青霉

（1）扩展青霉　如图 3－1、图 3－2 所示。

①菌落形态：菌落呈绵绒状，暗绿色，中心部较高，以此为中心形成具有浓淡不均的白色绵状、环状带和放射状皱纹，背面中心部呈褐色，其外围呈黄橙色。

②镜检形态：分生孢子梗从营养菌丝直立分出，在其末端分成两个副枝，每个副枝上着生 3～4 个梗基。小梗在梗基上呈放射状着生，分生孢子链状着生于小梗顶部。

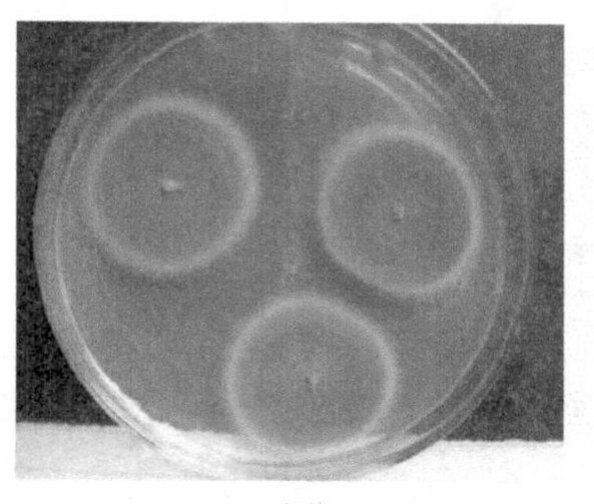
(1) 正面

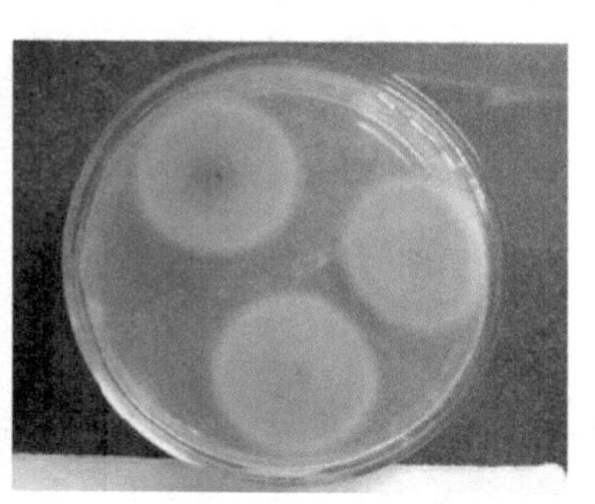
(2) 反面

图 3－1　扩展青霉的菌落形态

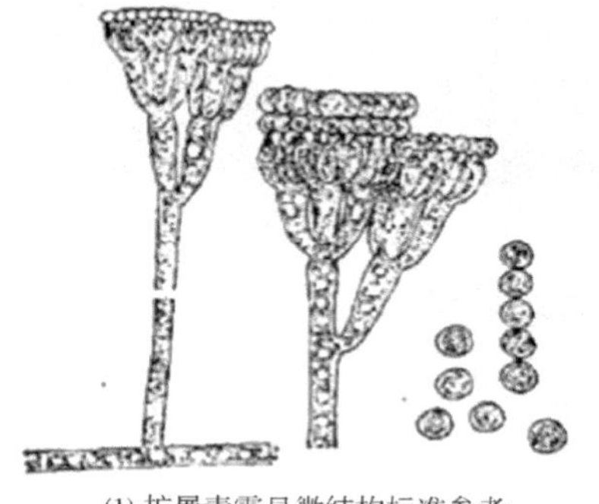
(1) 扩展青霉显微结构标准参考

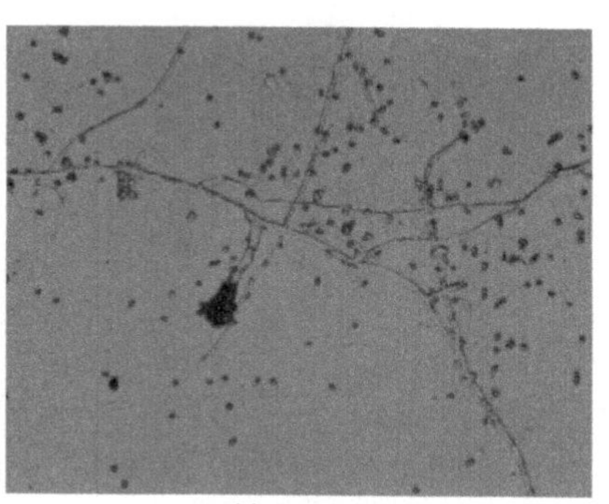
(2) 样品显微结构

图 3－2　扩展青霉的显微形态

（2）皮落青霉　如图 3－3、图 3－4 所示。

①菌落形态：菌落呈天鹅绒状，暗绿色，中心部较高，有放射状皱纹，近外缘处生成微黄色水珠，外缘呈白色，背面呈橄榄色到黄褐色。

②镜检形态：分生孢子梗从营养菌丝分出，上分两个副枝，副枝上着生有许多梗基。小梗呈放射状，着生在其末端，分生孢子呈链状，再接近分生孢子梗的顶部有牡蛎壳样的突起物。

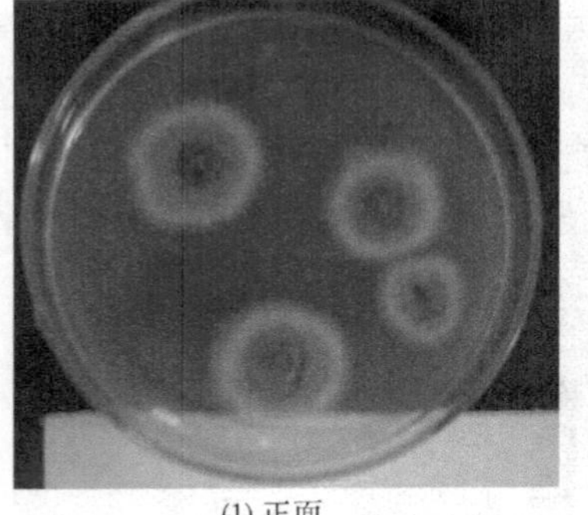
(1) 正面

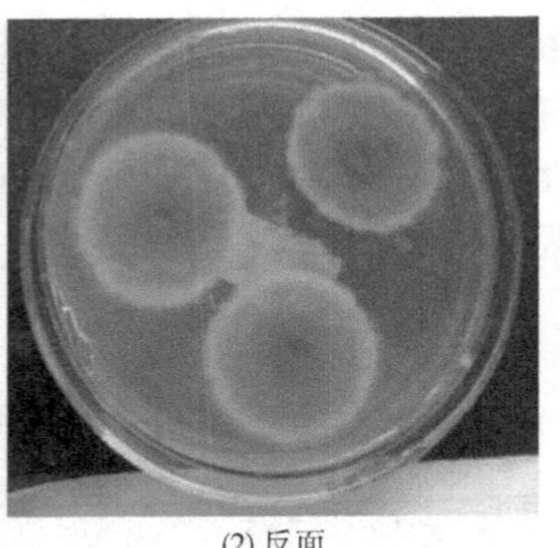
(2) 反面

图3－3　皮落青霉的菌落形态

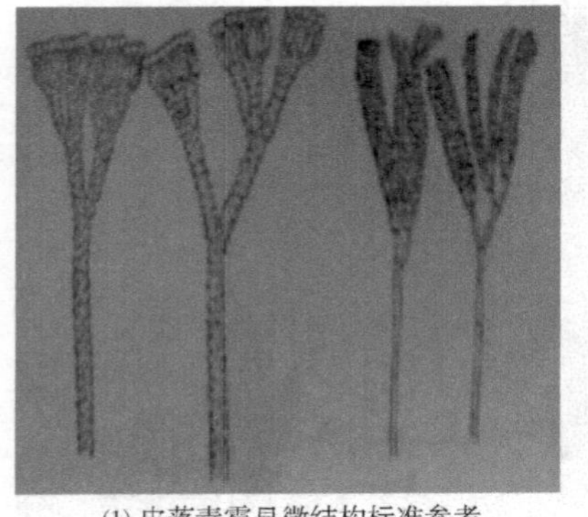
(1) 皮落青霉显微结构标准参考

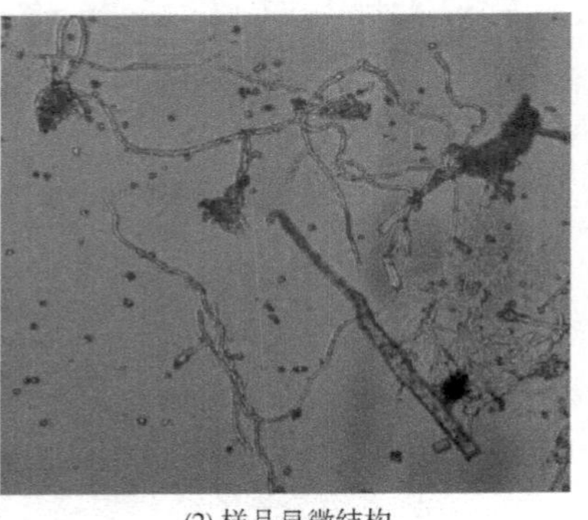
(2) 样品显微结构

图3－4　皮落青霉的显微形态

2. 曲霉

(1)黄柄曲霉　如图3－5、图3－6所示。

①菌落形态:质地丝绒状至絮状,较厚,具或不具辐射状沟纹;渗出物较多,有时呈大滴,浅褐色至暗褐色。有的菌株形成大量的壳细胞团块,柔软,呈亮黄色,影响菌落外观;菌落反面黄褐色。

②镜检形态:分生孢子结构多或少,初为浅黄褐色,近于淡粉褐色,老后变深,近于粉红肉桂色。分生孢子初为辐射形,后呈疏松柱状。分生孢子梗生自基质或气生菌丝,稍弯曲,带黄褐色,偶尔不明显,壁光滑;顶囊近球形或稍长近于卵形,大部分表面可育;产孢结构双层;有的菌株有多育现象;分生孢子球形或近球形,壁光滑;有的菌株可产生壳细胞,长形、弯曲或呈分叉状。

(2)矮棒曲霉　如图3－7、图3－8所示。

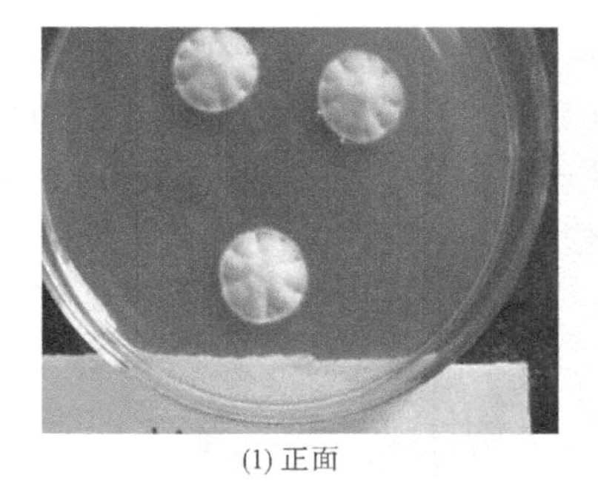

(1) 正面

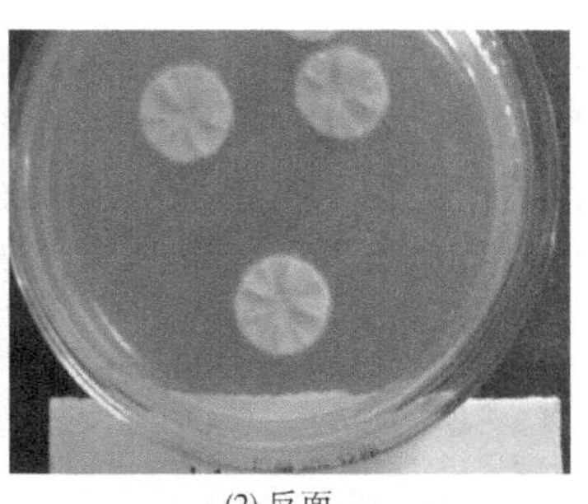

(2) 反面

图 3－5　黄柄曲霉的菌落形态

(1) 黄柄曲霉显微结构标准参考

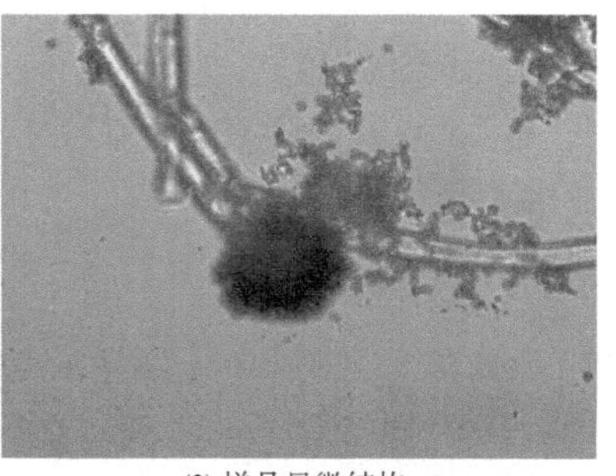

(2) 样品显微结构

图 3－6　黄柄曲霉的显微形态

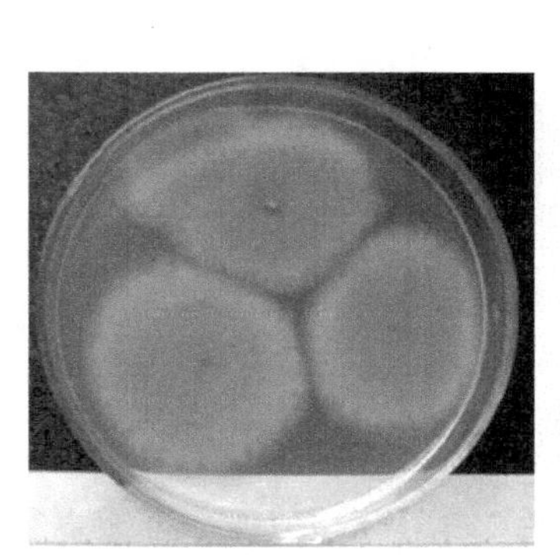

(1) 正面

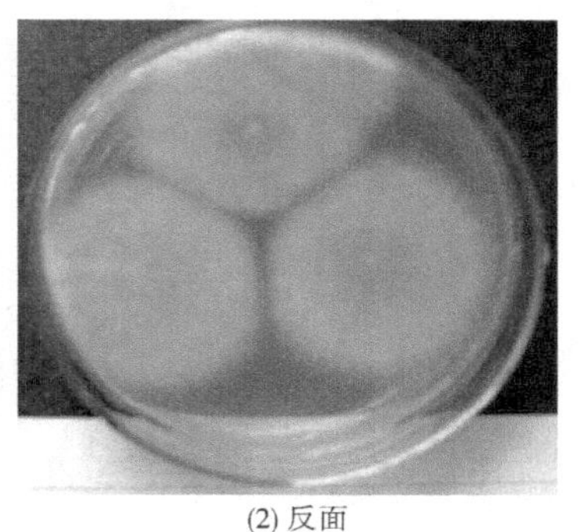

(2) 反面

图 3－7　矮棒曲霉的菌落形态

①菌落形态：在察氏培养基上 25℃培养 7d，菌落直径可达 22～31mm，12d 达 40～55mm，质地丝绒状或絮状，平坦或稍现辐射状沟纹；分生孢子暗蓝绿色，近于豌豆

绿岛灰橄榄绿或带绿的灰蓝色;老后现灰褐色,近于浅肉桂褐色;无或具少量的无色渗出液;无气味或轻微霉味;菌落反面呈黄褐色至栗褐色,近于佛罗纳褐色。

②镜检形态:分生孢子头初为棒形,老后裂成几个致密的圆柱状结构,小者松散;分生孢子梗生自基质,少量生自气生菌丝。孢梗茎较短,壁光滑;顶囊棒形;产孢结构单层;分生孢子椭圆形,少数卵形,壁光滑。

(1) 矮棒曲霉显微结构标准参考

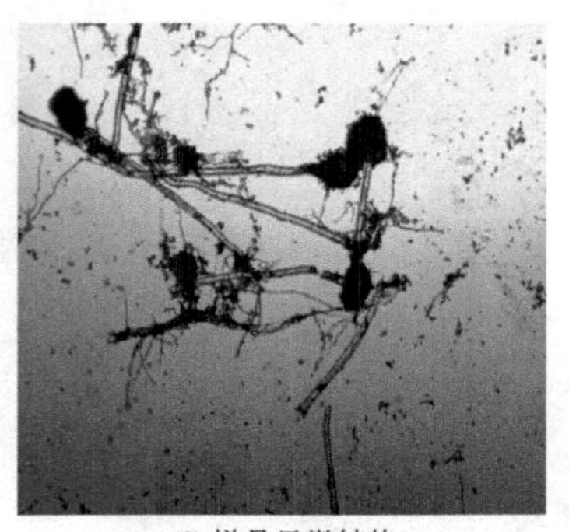

(2) 样品显微结构

图 3-8 矮棒曲霉的显微形态

(3)黑曲霉 如图 3-9、图 3-10 所示。

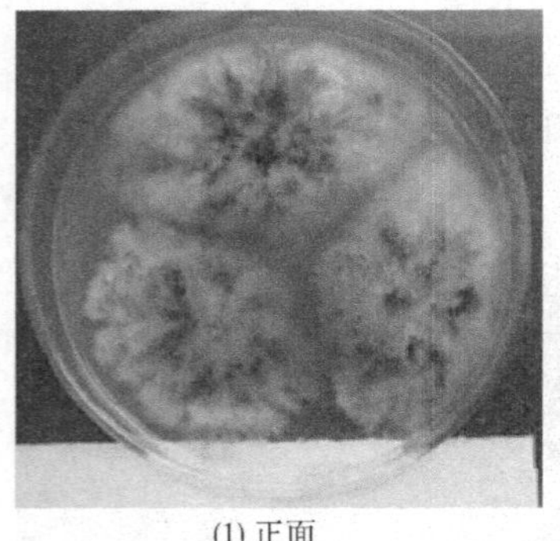

(1) 正面

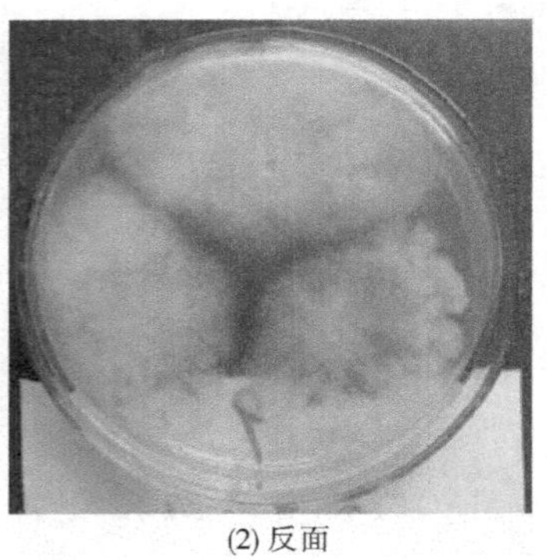

(2) 反面

图 3-9 黑曲霉的菌落形态

①菌落形态:在察氏培养基上生长迅速,25℃ 培养 7d 后,菌落直径一般在 50~70mm;平坦或中心稍凸起,有规则或不规则的辐射状沟纹;质地丝绒状或稍呈絮状,有的菌株偶有不育性过度生长;渗出液有或无,无色;具或不具霉味;有的菌株产生菌核,在斜面培养时多生于基部;菌落反面无色或呈不同程度的黄色、黄褐色或带微黄绿色。

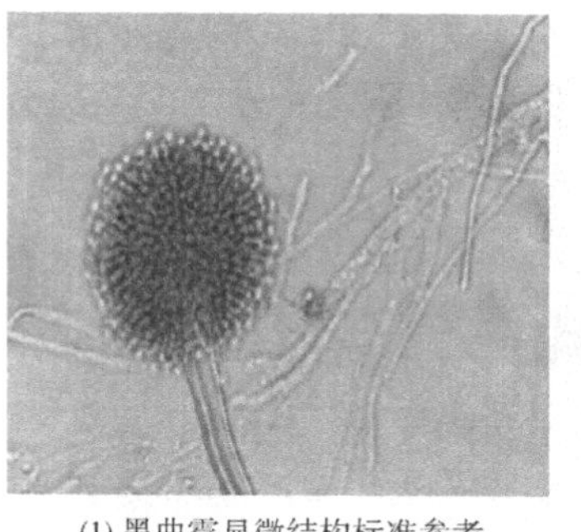
(1) 黑曲霉显微结构标准参考

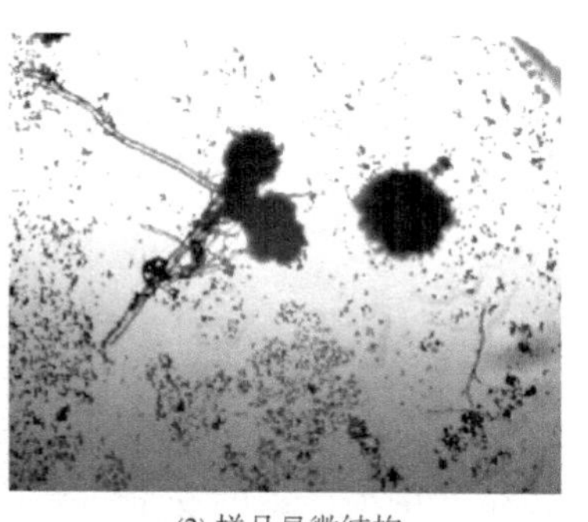
(2) 样品显微结构

图 3 – 10　黑曲霉的显微形态

②镜检形态：分生孢子头初为球形至辐射形，老后分裂成几个圆柱状结构；分生孢子梗发生于基质，壁光滑，老时带黄色或黄褐色；顶囊球形或近球形，老时褐色；产孢结构双层；梗基在一定时间范围内随菌龄的增大而增大，老时暗褐色；分生孢子球形，近球形或老后横向变扁，壁明显粗糙或具尖疣、不规则的脊状突起或纵向条纹，偶有稍现粗糙或近于平滑者；如有菌核则为球形或近球形，奶油色至淡黄色。

二、不同产地腐烂苹果中棒曲霉素产生菌的差异

受土壤、气候及苹果品种的影响，不同苹果产区的微生物菌群存在一定差异，这导致苹果腐烂的微生物菌种也会有所差异。

表 3 – 1　不同产地腐烂苹果中分离到的青霉株数

产地	青霉总数	扩展青霉	皮落青霉	圆弧青霉	其他青霉
礼泉	36	15	9	5	7
白水	27	11	7	3	6
宝鸡	34	14	6	9	5
杨凌	43	21	12	4	6

表 3 – 2　不同产地腐烂苹果中分离到的曲霉株数

产地	曲霉总数	黄柄曲霉	矮棒曲霉	黑曲霉	其他曲霉
礼泉	17	3	8	2	4
白水	12	3	2	6	1
宝鸡	21	9	7	3	2
杨凌	26	6	11	7	2

由表3－1、表3－2可见，从不同产地共分离得到216株真菌，其中扩展青霉和矮棒曲霉最多，皮落青霉、黄柄曲霉次之，圆弧青霉黑曲霉较少。此外，还有少量其他霉菌。

第三节　结论与讨论

苹果汁生产中最严重的安全问题是棒曲霉素超标，产生棒曲霉素的主要真菌是扩展青霉（*Penicillium expansum*），有研究发现多种曲霉也能产生棒曲霉素。目前世界各国包括我国解决棒曲霉素的方法主要是加工后的吸附脱除。这种方法不仅增加了生产成本，而且在脱除过程中对其他营养成分也有较大的影响，并且对环境也造成污染，所以这种方法不能从根本上解决问题。在北美和欧洲国家，一些科技工作者试图在加工前对棒曲霉素产生菌进行控制，以尽量少地产生棒曲霉素，从而免除后续的脱除工艺，这就需要对腐烂苹果中真菌的种类进行研究，找出关键控制点，并采取相应的措施。本试验对腐烂苹果中的真菌进行了分离和初步鉴定，为果园的前期防治、采摘后苹果的防腐控制及果汁的前期加工提供了一定的理论指导。本试验研究结果表明，在腐烂的苹果中，尽管初始引起苹果腐烂的为根霉、黄曲霉、黑曲霉等菌种，但在分离得到的菌种中，扩展青霉的数量占有较高比例，这可能是由于扩展青霉在后期的生长繁殖中占有一定的竞争优势，导致其数量超过其他的菌种。

第四章　基于氯化苄法提取 DNA 的 PCR 检测扩展青霉方法优化

随着分子生物学技术的发展，传统检测扩展青霉的方法，主要是培养法，因其耗时长，灵敏度低，结果存在较大的主观性，不能满足当前快速发展的需要。近年来，PCR 技术的发展，特别是在微生物检测方面的发展具有明显优势。因此，建立一种快速、有效的检测扩展青霉的方法，达到检测和控制其在苹果汁内生长的目的，从而降低棒曲霉毒素的产生量，提高苹果汁的质量，是非常有必要的。

本研究通过对高效快速提取扩展青霉基因组 DNA 的提取方法的研究基础上，试图以该方法提取的 DNA 为原料，用 PCR 技术来检测扩展青霉，因此本研究通过对 PCR 技术的各个参数进行优化，经过特异性和敏感性试验，建立了一种适合于快速检测扩展青霉的方法。

第一节　材料与仪器

一、主要原材料

扩展青霉基因组 DNA：依据第二章所得结论，采用氯化苄法制得。具体步骤如下（Zhu et al.，1993；张莉莉等，2000）。

（1）称取处理后的菌体 100mg 放置于 1.5mL 离心管中，加入 500μL 提取液①，使用涡旋振荡器充分振荡使之混合。

（2）加入 100μL 10%SDS，300μL 氯化苄溶液，剧烈振荡使之成乳状。

（3）水浴 50℃保温 1h，每隔 10min 振荡混匀一次。

(4)加入300μL 3mol/L NaAc混匀,冰浴15min,4℃ 10000r/min离心15min。

(5)收集上清液,加入等体积异丙醇,-20℃放置1h,10000r/min离心15min。

(6)弃上清液,沉淀加500μL 70%乙醇洗涤,待乙醇挥发完全后,加入200μL灭菌超纯水重悬DNA,-20℃保存备用。

二、主要试剂

10×PCR Buffer	购于TaKaRa公司
6×Loading Buffer	购于TaKaRa公司
*Taq*DNA聚合酶	购于TaKaRa公司
DNA Marker DL-1000	购于TaKaRa公司
dNTPs	购于TaKaRa公司
引物	委托生工(上海)生物工程技术公司合成
5×TBE缓冲液	自配
EB(溴化乙锭)	购于美国Amresco公司
琼脂糖粉	日本制造(Bao Xin生物分装)

三、主要仪器设备

Hema9600PCR仪	珠海黑马医学仪器有限公司
DYY-6C型电泳仪	北京市六一仪器厂
Bio Doc凝胶成像系统	美国伯乐公司
HS-840μ型水平层流单人净化工作台	苏州净化设备有限公司
BCD-ZC6TDZA冰箱	青岛海尔股份有限公司
wp700(MS-2089TW)LG微波炉	乐金(天津)电子电器有限公司

第二节 方法与步骤

一、引物选择

根据GenBank(Accession Number, AF 047713)中扩展青霉(*Penicillum expansum*)的polygalacturonase(POL)基因序列,利用Primer 5.0软件按照引物设计的一般原则设计一对特异性引物(正向引物5′-CGC CAA GAA TAC

ACC AAC T－3′，反向引物为 5′－TCC AAA GAT AAC GGA CGA A －3′），将这对引物与本研究前期引用的由 Patrick Marek 等（2003）设计的引物（正向引物 5′－ATC GGC TGC GGA TTG AAA G－3′，反向引物为 5′－TCC AGC TAT CGC TAC TGC T－3′），在同样的扩增条件下进行对比，扩增条件如下所述。

参照樊明涛等（2007）中传统 PCR 的反应体系（25μL）：模板 DNA 2.5μL，正、反向引物（10μmol/L）各 0.5μL，10×PCR Buffer（Mg^{2+} plus）2.5μL，dNTP Mixture（2.5mmol/L）2.5μL，*Taq*DNA 聚合酶（5U/μL）0.2μL，灭菌双蒸水补充至 25μL。

PCR 扩增的循环条件为：94℃预热 5min，94℃解链 1min，56℃退火 45s，72℃延长 1min，30 个循环，72℃延长 7min，4℃保温 10min，结束循环。

二、退火温度的优化

在“引物选择”小节中表述的扩增条件下，根据研究结果选择本课题组设计的引物进行扩增。Primer 5.0 引物设计软件给出的建议退火温度是 56℃，但是为了获得最佳的 PCR 扩增效果，还需要对其进行优化选择，分别选择 54、55、56、57、58、59、60℃ 七个梯度来研究进行扩增的最佳退火温度。

三、引物浓度的选择

引物浓度对 PCR 扩增有着很大的影响，本研究合成的引物原始浓度为 10μmol/L，在最优退火温度下，设计添加引物总浓度在 0.4μmol/L（上、下游各 0.5μL）左右，考虑到实际操作，分别设计引物总浓度为 0.08、0.24、0.32、0.40、0.48、0.56、0.72μmol/L，对应的分别添加引物的量为 0.1、0.3、0.4、0.5、0.6、0.7、0.9μL。

四、模板浓度的选择

在最佳的退火温度和最佳的引物浓度的扩增条件下，添加 DNA 模板的梯度浓度为 4、6、8、9.2、10、11.2、12、14μg/mL，对应的添加量为 1.0、1.5、2.0、2.3、2.5、2.8、3.0、3.5μL。

第三节　结果与分析

一、引物的选择

由图 4－1 所示的扩增结果可以看出，自行设计的引物 2 能够扩增出一条 288bp 的目的条带，同 Patrick Marek 等设计的引物 1 相比，该引物 2 所得到的条带有较好的亮度，而且扩增后的结果显示几乎没有引物二聚体，而引物 1 则有明显二聚体，相对而言，引物 2 更加适合本研究。之后的其他 PCR 扩增条件的优化均使用引物 2 进行扩增。

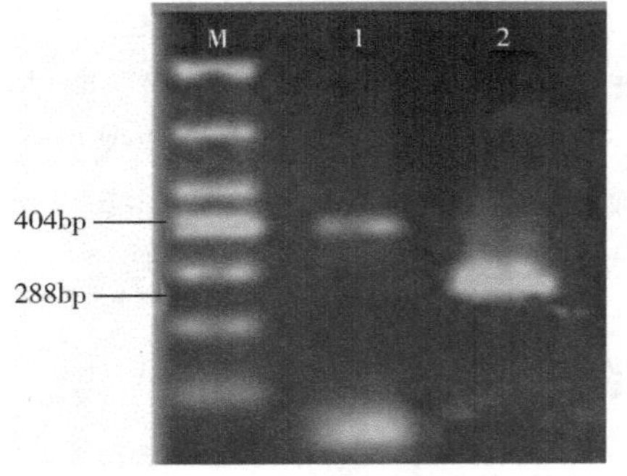

图 4－1　PCR 扩增引物的筛选

M—Marker DL－1000，自下往上分别为 100、200、300、400、500、700、1000bp；泳道 1—引用引物；泳道 2—自设引物

二、退火温度

在其他条件都相同的情况下，在不同的退火温度扩增结果如图 4－2 所示，由该扩增结果可以看出温度偏高扩增效率有所下降，59℃的时候条带亮度已经很微弱，而当温度超过 60℃的时候就没有扩增条带，反之当温度降低的时候虽然能够扩增出条带来，从图 4－2 可以看出，条带亮度明显有所降低。

综合来看，当退火温度为 55～58℃，该体系都能够扩增出一条明亮度较好的目的条带。而为了统一，以下研究均采用退火温度 57℃。

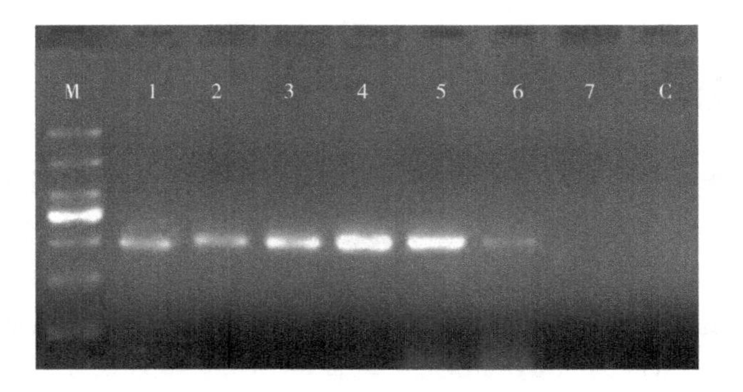

图4－2　最佳退火温度的选择结果

M—Marker DL－1000;泳道1～7分别代表54、55、56、57、58、59、60℃;C—空白对照

三、引物浓度优化结果

在最佳退火温度条件下,分别添加不同浓度的引物进行PCR扩增反应,结果如图4－3所示。

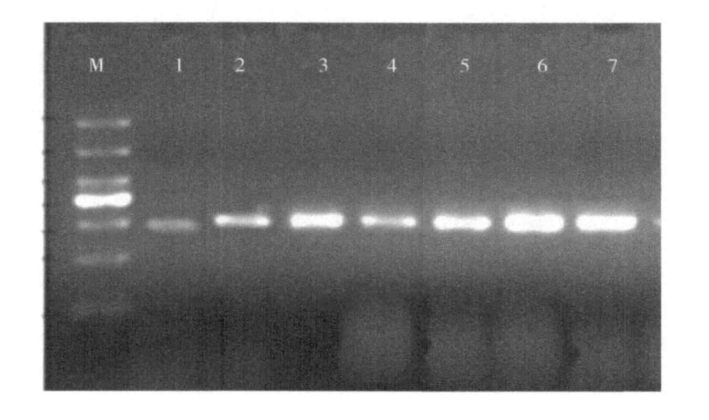

图4－3　PCR扩增反应引物浓度的优化

M—Marker DL－1000;泳道1～7分别代表引物浓度0.08、0.24、0.32、0.40、0.48、0.56、0.72μmol/L

由图4－3可以看出,在不同浓度的引物条件下都能扩增出目的条带,但是当浓度较低的时候条带亮度明显偏暗,扩增效率受到影响,但是没有引物二聚体的形成,而当浓度升高时又会增加出现引物二聚体的几率。在研究中发现当引物浓度偏高时,会增加出现非特异性扩增条带的概率。因此,本研究选择添加引物浓

度为 0. 40μmol/L。

四、模板浓度

在退火温度为 57℃,引物浓度为 0. 40μmol/L 时,添加不同质量浓度的模板 DNA,可得到图 4 - 4 所示的结果,有结果看出当模板 DNA 浓度过低的时候会影响 PCR 扩增的效率,甚至当浓度为 4μg/mL 时竟然未扩增出目的条带。虽然,不同的模板浓度下均能扩增出目的条带,但是条带的亮度有明显的差别,从结果来看,当添加模板 DNA 的浓度为 10μg/mL 或 9. 2μg/mL 时,扩增效果较好,分别对应的是添加 2. 8μL 或者 2. 5μL 的模板 DNA 制备液。综合考虑,选择添加 2. 5μL 的模板 DNA,即添加模板浓度为 9. 2μg/mL。

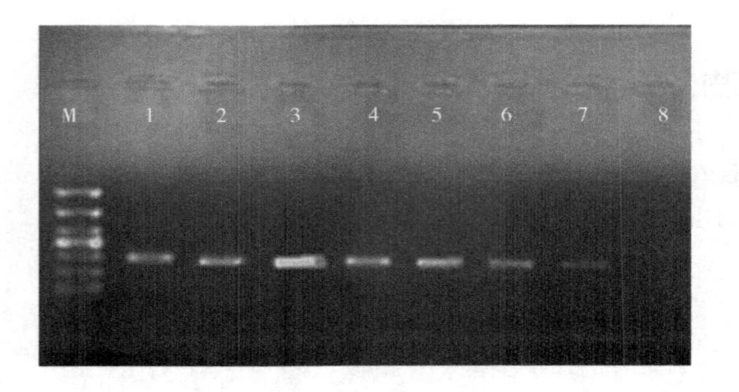

图 4 - 4　PCR 反应中模板浓度的选择
M—Marker DL - 1000;泳道 1 ~ 8 分别代表模板 DNA 的质量浓度
依次为 14、12、11. 2、10、9. 2、8、6、4μg/mL

五、特异性

利用上述研究所得到的最优扩增条件,对腐烂苹果中常见的真菌同时进行 PCR 扩增,标准扩展青霉、国内标准扩展青霉及其他几种构型较为接近,结果如图 4 - 5 所示。由图可知,两株不同来源的扩展青霉均在 288bp 处扩增出的一条明亮的特异性目的条带,而其他 6 株真菌则都未能扩增出目的条带。在研究过程中,多次试验该结果的重复性良好。

因此,该 PCR 扩增条件能够特异性地扩增出扩展青霉,能够很好地用来检测扩展青霉的污染情况。

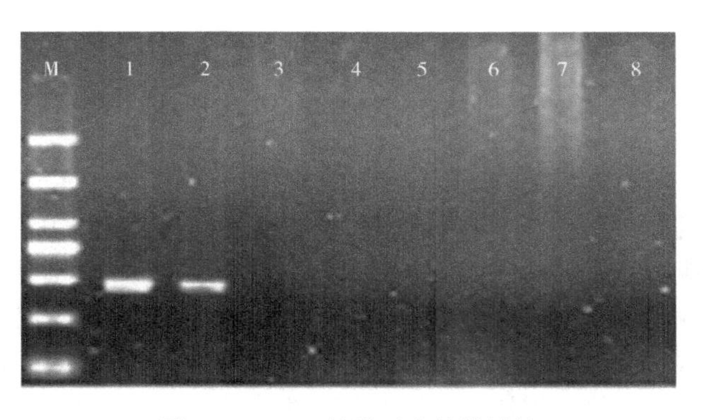

图 4 – 5　PCR 扩增反应的特异性

M—Marker DL – 1000;泳道 1 ~ 8 分别代表为扩展青霉、扩展青霉(3.5425)、皮落青霉、圆弧青霉、赭曲霉、黑曲霉、矮棒曲霉、黄柄曲霉

六、灵敏性检测结果

对所提得的模板 DNA 进行梯度稀释后再进行 PCR 扩增,结果如图 4 – 6 所示。由图 4 – 6 可以看出,扩增得到的 DNA 条带在稀释 10^{-3}倍时明显变暗,稀释 10^{-4}倍时目的条带已经很模糊了,而且研究发现该条带的重现性很低,这说明该检测方法对稀释后 DNA 提取液的最低检测倍数大约为 10^{-3}。由分光光度计测定数据换算得知,原始菌液提取的 DNA 质量浓度约为 101μg/mL。因此,该 PCR 扩增方法及条件对 DNA 质量浓度的检测限约为 0.1μg/mL。

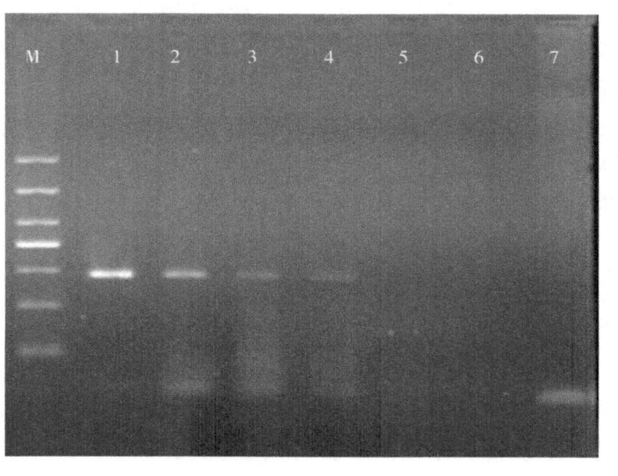

图 4 – 6　DNA 梯度稀释进行 PCR 扩增的结果

M—Marker DL – 1000;泳道 1 ~ 7 分别 10^{-1}、10^{-2}、10^{-3}、10^{-4}、10^{-5}、10^{-6}、10^{-7} DNA 稀释液

第四节 结论与讨论

PCR 引物的合理与否,PCR 反应体系是否适合,决定着 PCR 技术特异性检测目标微生物的成败。本研究在考虑到自身试验室研究条件与他人的研究条件不相同,可能会影响到研究结果的基础上,设计了一对新的特异性较强的引物,通过对比试验,结果显示该引物不仅能够特异性地扩增出一条 288bp 的目的条带,而且能够较少地出现引物二聚体,这解决了前期引用文献中提到的引物扩增出条带虽然亮度足够但是不清晰而且一直有引物二聚体干扰的情况。

本试验还对 PCR 检测扩展青霉的反应条件进行优化,最终得到的最优反应条件是:退火温度 57℃,引物浓度为 0.40μmol/L,模板 DNA 的质量浓度为 9.2μg/mL。

引物浓度过高会增加出现引物二聚体的可能性,而且会出现错配和非特异性扩增,因此浓度不适宜太高;模板 DNA 的浓度对扩增反应的影响不是很大,但是所提 DNA 的质量则关系着扩增反应的成败,如果所得 DNA 的纯度不高,混有蛋白质、RNA、有机溶剂等杂质,有可能会抑制反应的进行,或者不能特异性地扩增出单一的目的条带。

底物 dNTPs 应于 -20℃冰冻保存,多次冻融会使其降解。由理论上推算,PCR 扩增反应的效率应该是 2,因此不管底物的质量浓度是高是低,产物都应该能够得到很好地扩增,但是太低会影响扩增效率,而且 dNTPs 能够与反应体系中的游离 Mg^{2+} 结合,来降低其浓度,所以一般 dNTPs 的浓度应为 50 ~ 300μmol/L。有报道称底物对 PCR 反应效率的影响不是特别显著,因此本研究没有进一步优化底物,且能够得到很好的特异性条带。

本研究同时还对苹果上较为常见的几株与扩展青霉在分类上较为接近的真菌,在相同的反应条件下,都进行了 PCR 扩增,结果显示只有扩展青霉能够扩增出单一的目的条带,而其他菌株则没有任何条带,所以该反应体系拥有较好的特异性。另外,通过灵敏性试验得到的该 PCR 扩增方法及条件对 DNA 质量浓度的检测限约为 0.1μg/mL。

应用本研究中所建立的 PCR 检测方法检测扩展青霉,整个过程只需要数小时就可以完成,相较于传统的检测方法数天甚至数周的检测时效,该方法有效地提升了检测的效率,而且该法拥有较好的特异性和灵敏度,可以满足实际检测的需求。该方法的建立为进一步深化扩展青霉的研究提供了基础,为扩展青霉的实际检测提供了一个快速有效的方法依据。

第五章　PCR 扩增产物的克隆测序

本研究通过优化 PCR 反应的扩增条件,达到快速、准确、特异性地检测扩展青霉,为了从分子水平上对扩增结果进行鉴定就需要进行核酸序列测序,本研究用 $CaCl_2$法制备感受态细胞,通过克隆目标 DNA,蓝白筛选阳性结果,最后测得目标 DNA 序列。

第一节　材料与仪器

一、主要试剂

LB 培养基:1% 蛋白胨,0.5% 酵母提取物,1% NaCl,NaOH 调 pH 至 7.4,定容后高压灭菌。

LBA 培养基:将液体 LB 培养基中加入 1.5% 的琼脂粉,高压灭菌。

IPTG 溶液:称取 2g 固体 IPTG 添加到 8mL 蒸馏水中充分溶解后,用蒸馏水定容至 10mL,然后将其过 0.22μm 滤器,除菌后分装成每小份 1mL, -20℃ 储存备用。

X - gal 溶液:用二甲基甲酰胺溶解 X - gal 并配制成 20mg/mL 的二甲基甲酰胺(DMF)溶液储存液, -20℃避光保存备用。

抗生素溶液:用蒸馏水配制 100mg/mL 氨苄青霉素(AmP)储存液,将其通过 0.22μm 滤器过滤除菌后, -20℃保存备用。

TE:10mmol/L Tris - HCl(pH8.0),1mmol/L EDAT(pH8.0)。

二、主要仪器设备

仪器设备	生产厂家
Hema9600PCR 仪	珠海黑马医学仪器有限公司
DYY－6C 型电泳仪	北京市六一仪器厂
Bio Doc 凝胶成像系统	美国伯乐公司
立式压力蒸汽灭菌器	上海通迅实业有限公司医疗设备厂
QYC200 培养摇床	上海福玛实验设备有限公司
HC－3018R 高速冷冻离心机	安徽中科中佳科学仪器有限公司
DH－420 电热恒温恒湿培养箱	北京科伟永兴仪器有限公司
JA2003N 电子天平	上海精密科学仪器有限公司
科伟 HSY2－SP 水浴锅	北京科伟永兴仪器有限公司
PHS－3C 雷磁 pH 计	上海精密科学仪器有限公司
紫外分析仪	北京市六一仪器厂
wp700(MS－2089TW)LG 微波炉	乐金(天津)电子电器有限公司
HS－840μ 型水平层流单人净化工作台	苏州净化设备有限公司
BCD－ZC6TDZA 冰箱	青岛海尔股份有限公司
CS101(3)型电热恒温鼓风干燥箱	重庆试验设备厂

第二节　方法与步骤

一、感受态细胞的制备

(1)无菌条件下,用接种环从大肠杆菌 DH5α 的平板上轻轻挑取一个单菌落,接入到 50mL LB 液体培养基中,37℃振荡培养至对数生长前期(5～6h)。

(2)取 35mL 菌液放入冰盒中已经预冷的无菌 50mL 离心管中,冰浴 15min,5000r/min 冷冻离心 10min,沉淀菌体细胞,收集沉淀,尽量使液体流尽。

(3)加入 10mL 冰预冷后的 $CaCl_2$(0.1mol/L)溶液,重悬沉淀,冰浴 15min,5000r/min 冷冻离心 10min,沉淀菌体细胞。

(4)倒出 $CaCl_2$溶液,留下大约 2mL 的溶液,用移液器打气使其重悬,或者倒置离心管以使培养液流尽后,加 2mL 冰预冷好的 $CaCl_2$(0.1mol/L)溶液重悬菌体沉淀。

(5)最后,分装菌悬液,每 1.5mL 无菌离心管分装 50μL 的感受态细胞菌悬液,置于 -70℃保存备用。

二、PCR 扩增产物回收纯化

将电泳后 PCR 扩增产物的琼脂糖凝胶置于紫外分析仪上,观察其扩增产物条带,按照快捷性琼脂糖凝胶 DNA 回收试剂盒(离心柱型)指导说明进行 DNA 回收。具体步骤如下。

(1)在长波紫外灯下,用干净刀片,小心的切除所需回收的 DNA 条带,尽可能少地切除不含 DNA 的凝胶,得到尽可能小的凝胶体积。

(2)刚切下的含有 DNA 条带的凝胶放进一个 1.5mL 离心管中,分析天平称其质量。

(3)加 1 ~2 倍体积的溶胶/结合液 DB,若凝胶质量 0.1g,体积可相当于 100μL。

(4)56℃水浴,3 ~5min,每 1min 涡旋振荡一次帮助溶解,直到胶完全溶解。

(5)上步操作所得溶液加到吸附柱 AC 中(柱放入收集管中),12000r/min,1min,弃除收集管中的废液。

(6)将吸附柱 AC 放回收集管中,加入已经加乙醇的漂洗液 WB 700μL,12000r/min,1min,弃废液。

(7)将吸附柱 AC 再次放回,10000r/min,2min,尽可能除尽漂洗液,以免其中残留的乙醇影响下游反应。

(8)取出吸附柱 AC,将其放进一个新的离心管中,在吸附管中膜的中心部位加入 50μL 的事先 65℃水浴的洗脱液 EB,放置 2min,10000r/min,1min,即得到所需回收条带的 DNA。

三、克隆质粒的构建

将回收纯化的 PCR 扩增产物,按照 pMD® 18 - T Vector 试剂盒说明与 T/A 克隆质粒相连接。反应的体系为:pMD® 18 - T Vector 0.5μL,Solution Ⅰ 溶液 2.5μL,纯化的 PCR 产物 2μL,总计 5μL。

将上述反应物加入 0.2mL 的 PCR 管中,混匀,室温(25℃)条件下反应 30min。

四、转化感受态细胞

(1)将上一小节中的 5μL 反应液全部加入到上述第二小节中制备的 50μL 大肠杆菌 DH5α 感受态细胞中,冰浴 30min。

（2）取出后立即放入42℃水浴中，90s，然后冰浴1min。

（3）然后，加入945μL的LB液体培养基，补充体积至1mL，将其置于摇床上，37℃振荡培养1h。

（4）取出后，12000r/min离心2min，去除上层培养液，留大约200μL的培养液重悬菌体沉淀。

（5）将得到的菌悬液全部涂布到已经倒置好的含有X－Gal（40μg/mL）、IPTG（200μg/mL）和AMP（200μg/mL）的LB琼脂平板上，倒置培养，37℃过夜。

在添加抗生素时，注意需等待融化的LB固体培养基温度降到55℃时，即手可触摸，才能加入抗生素，以免温度过高导致抗生素失效，并充分摇匀。含X－Gal的培养基需要4℃下避光保存。

（6）次日观察平板上的蓝白斑。同时，做阳性对照以估算转化效率，并做阴性对照以消除可能存在的污染、查找可能的失败原因。

阳性对照：用质粒和感受态细胞进行转化，正常情况下长出的克隆全是蓝斑。

阴性对照：不添加纯化的目的DNA，直接用感受态细胞进行转化，正常情况下不应有克隆的菌斑长出。

五、质粒 DNA 制备

本研究采用SDS碱裂解法小量制备质粒DNA，具体的操作程序如下。

（1）无菌操作条件下，用接种环分别挑取一环转化后的蓝、白菌落，分别接入到4mL的含有AMP（200μg/mL）的LB液体培养基中，置于摇床上振荡培养，37℃培养12～14h。

（2）取1.5mL培养液放入微量离心管中，12000r/min 4℃离心2min，倒掉上层培养液。

（3）加入100μL冰预冷后的Solution Ⅰ，剧烈振荡，充分悬浮沉淀。

（4）加入200μL新配制的Solution Ⅱ，快速轻轻地颠倒离心管数次，混匀后置于冰上。

（5）再加入150μL冰预冷后的Solution Ⅲ，上下颠倒离心管数次，12000r/min 4℃离心5min，转移上清液至另一离心管中。

（6）上清液中加入450μL酚/氯仿/异戊醇混合液（25∶24∶1），振荡混匀后12000r/min 4℃离心5min，将上清液转移至另一离心管中。

（7）加入2倍体积的无水乙醇，室温放置2min以沉淀核酸，12000r/min 4℃离心5min，除上清液尽可能除尽。

（8）加入1mL 70%乙醇洗涤沉淀，12000r/min 4℃离心2min，尽可能去除上清液，然后用50μL的TE Buffer溶解沉淀，－20℃储存备用。

六、质粒的双酶切鉴定

将所提取的质粒 DNA 用核酸限制性内切酶（EcoR Ⅰ 和 HindⅢ）双酶切消化的方法进行鉴定。酶切体系为：10 × M Buffer2μL，EcoR Ⅰ 2μL，Hind Ⅲ2μL，质粒 DNA4μL，超纯水 10μL，总计 20μL。

将该反应体系置于 37℃水浴上，反应 1h。待酶切反应完成后，取 5μL 反应产物置于浓度为 1% 的琼脂糖凝胶上，电泳 1h，完成后用凝胶成像系统拍照，鉴定。其中，将蓝斑提取的质粒作为对照组。

七、测序

对酶切鉴定后检测为阳性的质粒溶液进行测序，测序有生物工程（上海）有限公司完成，即取 1mL 该阳性质粒溶液送去测序。测序完成后跟 GeneBank 中的序列进行 BLAST 比对鉴定。

第三节　结果与分析

一、转化结果

转化结果如图 5 – 1 所示。

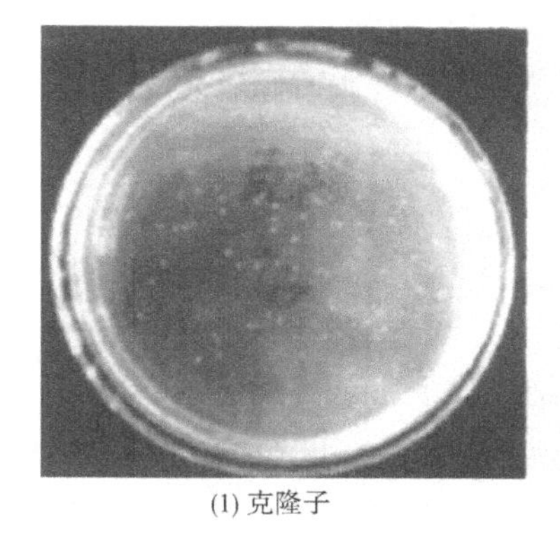

(1) 克隆子

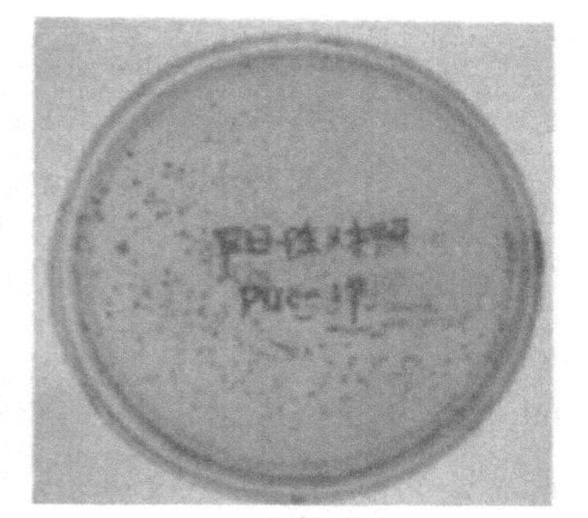

(2) 阳性对照

图 5 – 1　克隆子与阳性对照

将 PCR 扩增产物进行回收纯化后,得到的目的 DNA 片段,将其连接到 T - Vector 载体上,转化到大肠杆菌感受态细胞,克隆后的结果如图 5 - 1 所示,白色阳性菌落显示连接、转化较成功。

二、阳性克隆鉴定结果

从图 5 - 2 可以明显看到,两个阳性结果被限制性内切酶(EcoR Ⅰ 和 Hind Ⅲ)切成了两个 DNA 片段,凝胶电泳显示其对应的两个条带,其中一条为 288bp 的目标 DNA 片段,而另一条带可以由阴性对照所显示的结果确定。该条带应该为原质粒的 DNA 片段,由该图的结果知所得到的阳性质粒溶液,就是连接上目的基因片段的重组子。

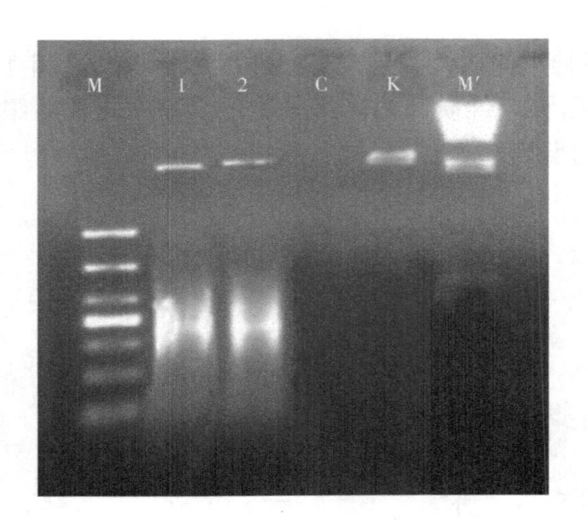

图 5 - 2 双酶切鉴定阳性结果

M—Marker - DL1000;1、2—均为阳性结果的双酶切产物;
C—空白对照;K—阴性对照;M′—DNA Marker λ - Hind Ⅲ digest

三、测序与 BLAST 结果

将 1mL 阳性质粒溶液送去测序,测的结果如下所示:

```
1    atcggctgcg  gattgaaaga  atatagagnaa  aagaaaacta  tataagactt  cattcctatc
61   tactgaaaag  catccagtat  cttcatggaa   agtttttatt  ccgaacaaag  tatttagtct
121  ccgtcgaata  tgatcttgac  acgcagtgtt   ctgggatttc  tgggctcagc  gtccttgaag
```

181　tccctctgcct　ctccggttgc　cgaactggct　gaagggagca　gactcacccc　tcgtggatct

241　gcatgcagct　attcgggaac　cagtggtgca　gcagcagcga　tagctgga

然后，将该序列放到 NCBI 的 GeneBank 中进行 BLAST 比对，得到的结果如图 5－3 所示。

Color key for alignment scores

<40	40-50	50-80	80-200	>=200

Query　1　50　100　150　200　250

Sequences producing significant alignments:

Accession	Description	Max score	Total score	Query coverage	E value	Max ident	Links
AF047713.1	Penicillium expansum polygalacturonase (pepg1) gene, complete cds	435	435	100%	1e-118	94%	

```
>gb|AF047713.1|AF047713  Penicillium expansum polygalacturonase (pepg1) gene, complete
cds
Length=3127

 Score =  435 bits (235),  Expect = 1e-118
 Identities = 278/295 (94%), Gaps = 14/295 (5%)
 Strand=Plus/Plus

Query  1    ATCGGCTGCGGATTGAAAG-AATATAGANAAAAGAAAACTATATAAGACTTCATTCCTAT  59
            ||||||||||||||||||| || | |||||||||||||||||||||||||||||||||||
Sbjct  553  ATCGGCTGCGGATTGAAAGAAAGA-AGANAAAAGAAAACTATATAAGACTTCATTCCTAT  611

Query  60   CTACTGAAAAGCATCCAGTATCTTCATGGA-AAGTTTTTATTCCGAA--CAAAGTATTTA  116
            |||||||||||||||||||||||||||  |  |||||||||| | ||  |||||||||||
Sbjct  612  CTACTGAAAAGCATCCAGTATCTTCAT-CACCAGTTTTTATT-C-AATTCAAAGTATTTA  668

Query  117  GTCTCCGTCGAATATGATCTTGACACGCA--G-TGTTCTGGGATTTCTGGGCTCAGCGTC  173
            |||||||||||||||||||||||||||||  | |||||||||||||||||||||||||||
Sbjct  669  GTCTCCGTCGAATATGATCTTGACACGCAGTGTTGTTCTGGGATTTCTGGGCTCAGCGTC  728

Query  174  CTTGAAGTCCCTCGCCTCTCCGGTTGCCGAACTGGCTGAAGGGAGCAGACTCACCCCTCG  233
            ||||  | ||||||||||||||||||||||||||||||||||||||||||||||||||||
Sbjct  729  CTTG--G-CCCTCGCCTCTCCGGTTGCCGAACTGGCTGAAGGGAGCAGACTCACCCCTCG  785

Query  234  TGGATCTGCATGCAGCTATTCGGGAACCAGTGGTGCAGCAGCAGCGATAGCTGGA  288
            |||||||||||||||||||||||||||||||||||||||||||||||||||||||
Sbjct  786  TGGATCTGCATGCAGCTATTCGGGAACCAGTGGTGCAGCAGCAGCGATAGCTGGA  840
```

图 5－3　BLAST 比对结果

由 BLAST 比对结果可以看出 E 值已经很接近于 0，相似性也达到了 94%，检测片段与目标片段序列相比，插入或缺失了 14 个核酸。

第四节　结论与讨论

为了验证所使用的 PCR 方法扩增出来的条带就是所需要的目的基因片段,在建立了 PCR 检测方法后还需要对所扩增地条带进行核酸测序,从分子水平上来验证检测结果。

在本研究中将与 T – Vector 连接的重组质粒转化到感受态细胞后,克隆结果显示连接与转化均较为成功,后使用限制性内切酶双酶切重组后的阳性质粒,电泳后证实其确实为目的基因片段。过商业测序后,序列比对结果显示与扩展青霉 polygalacturonase 的部分序列呈现较高的同源性,相似性达到 94% 。

第六章　扩展青霉 3.3703 基因组 DNA 快速提取

第一节　材料与方法

一、材料与试剂

1. 试验菌株

本试验所用菌株为扩展青霉 3.3703 标准菌株，购自中国普通微生物菌种保藏管理中心（CGMCC）。

2. 主要试验试剂

试剂	来源
真菌 DNA 提取试剂盒	美国 Zymo Research 公司
Tris 饱和酚:氯仿（1:1）混合液	美国 Sigma 公司
酸洗玻璃珠	美国 Sigma 公司
Triton X－100	美国 Sigma 公司
Tris 饱和酚	美国 Sigma 公司
EB（溴化乙锭）	美国 Amresco 公司
十二烷基硫酸钠（SDS）	美国 Amresco 公司
Tris－HCl	美国 Amresco 公司

$Na_2EDTA \cdot 2H_2O$	美国 Amresco 公司
硼酸	美国 Amresco 公司
10×PCR 缓冲液	日本 TaKaRa 公司
*Taq*DNA 聚合酶	日本 TaKaRa 公司
DNA Marker	日本 TaKaRa 公司
dNTPs	日本 TaKaRa 公司
PCR 引物	委托西安沃尔森生物技术有限公司合成
琼脂粉	日本制造(Bao Xin 生物分装)
氯化苄	天津市化学试剂六厂(分析纯)
氯仿	天津市化学试剂六厂(分析纯)
乳酸	天津市化学试剂六厂(分析纯)
苯酚	天津市化学试剂六厂(分析纯)
异戊醇	天津市化学试剂六厂(分析纯)
无水乙醇	天津市化学试剂六厂(分析纯)
察氏培养基各成分：NaCl、NaAc、$FeSO_4 \cdot 7H_2O$、$MgSO_4 \cdot 7H_2O$、KCl、K_2HPO_4、$NaNO_3$、蔗糖	西安化学试剂厂
酚:氯仿:异戊醇(25:24:1)混合液	西北农林科技大学食品科学与工程学院食品微生物试验室自制
DNA 提取液:2% Trition X－100，10% SDS，1mmol/L EDTA，100mmol/L NaCl，10mmol/L Tris－HCl，调节溶液 pH 至 8.0	西北农林科技大学食品科学与工程学院食品微生物试验室自制

二、仪器与设备

ES－315 型全自动高压蒸汽灭菌锅	广州东南科仪有限公司
HWS－450 智能恒温/恒湿培养箱	浙江宁波海曙赛福试验仪器厂

JA21002 电子天平	上海实生细胞生物技术有限公司
CPA 系列分析天平	德国赛多利斯公司
HH－1 电控恒温水浴锅	北京科伟永兴仪器有限公司
WH 型电热恒温干燥箱	北京信康亿达科技发展有限公司
雷磁牌 PHS－3C 型精密试验室 pH 计	上海雷磁牌仪器厂
BCD－260TD 海尔冰箱	海尔集团
HC－2518R 冷冻高速离心机	安徽中科中佳科学仪器有限公司
QB－600 高速振荡混合器	北京佳源兴业科技有限公司
Gel Doc XR＋凝胶成像分析系统	美国伯乐 BIO－RAD 公司
MG－5062SD 微波炉	天津承吉伟业科技发展有限公司
ZKX－003 型无菌超净工作台	深圳市卓凯鑫净化科技有限公司
Arium611DI 超纯水制备系统	德国赛多利斯公司
0.5～1000μL 精密微量移液器	上海求精生化试剂仪器公司
枪头、离心管、PE 管	西安沃尔森生物技术有限公司
3111 型移液枪（2.5μL、20μL、200μL、1000μL）	美国伯乐 BIO－RAD 公司
UV－2802 紫外分光光度计	美国尤尼克公司
PTC－200PCR 扩增仪	美国伯乐公司

三、方法与步骤

1. 扩展青霉培养基配制

选用察氏培养基（CA）培养扩展青霉 3.3703 标准菌株，培养基成分如表 6－1 所示。

表 6－1　察氏培养基成分

成分	质量/g	成分	质量/g
$NaNO_3$	3.0	$FeSO_4 \cdot 7H_2O$	0.01
K_2HPO_4	1.0	蔗糖	30
KCl	0.5	琼脂粉	20
$MgSO_4 \cdot 7H_2O$	0.5		

加蒸馏水至 1000mL，121℃灭菌 20～30min，临用前用灭菌乳酸将察氏培养基

的 pH 调至4.5。

2. 扩展青霉的培养

在无菌操作条件下,将扩展青霉 3.3703 标准菌株接种于察氏培养基平板上,置于真菌培养箱中,28℃避光培养 4 ~ 5d 后,备用。

3. 扩展青霉基因组 DNA 的提取

(1)氯化苄法(朱衡等,1994)

①用接种环从培养 4 ~ 5d 的察氏培养基平板上刮取大约 50mg 菌丝体放入装有含 400μL DNA 提取液的 1.5mL 离心管中,加 150μL 10% SDS、450μL 氯化苄原液,置旋涡振荡器上振荡约 10min 后,52℃水浴 1h,且每 10min 振荡混匀 1 次。

②然后加入 3mol/L NaAc 450μL,充分颠倒混匀后冰浴 15min,再 15000r/min 离心 5min;取上清液,加入与上清液等体积的冰无水乙醇, -20℃沉淀 30min 后 8000r/min 离心 10min,弃上清液。

③将沉淀于 37℃烘至微干,并加 100μL 灭菌超纯水重悬 DNA, -20℃保存备用。

(2)玻璃珠法(戈海泽等,2006)

①用接种环从培养 4 ~ 5d 的察氏培养基平板上刮取大约 50mg 菌丝体放入装有含 400μL DNA 提取液的 1.5mL 离心管中,加 700mg 酸洗玻璃珠和 400μL Tris 饱和酚,置旋涡振荡器振荡 30min 后,15000r/min 离心 5min。

②取上清液,加入与上清液等体积的酚:氯仿:异戊醇(25:24:1)混合液,充分颠倒混匀后 15000r/min 离心 5min,重复此操作 2 次。

③取上清液,加入 1/10 上清液体积的 3mol/L NaAc 及 2 倍上清液体积的冰无水乙醇, -20℃放置 30min 后 8000r/min 离心 5min,弃上清液。

④向沉淀中加入 1mL 75% 乙醇漂洗 1 次后于 37℃烘至微干,并加 100μL 灭菌超纯水重悬 DNA, -20℃保存备用。

(3)玻璃珠 + 氯化苄法(金欣等,2009)

①用接种环从培养 4 ~ 5d 的察氏培养基平板上刮取大约 50mg 菌丝体放入装有含 400μL DNA 提取液的 1.5mL 离心管中,加 150μL 10% SDS 和 450μL 氯化苄原液,并加 700mg 玻璃珠剧烈旋涡振荡 30min,直至液体呈乳状;再 52℃水浴 1h,且每 10min 充分振荡混匀 1 次。

②15000r/min 离心 5min 后取上清液,加与上清等体积 Tris 饱和酚 - 氯仿(1:1)混合液,充分颠倒混匀后 15000r/min 离心 5min,重复此操作 2 次。

③取上清液,加与上清液等体积的氯仿,充分颠倒混匀后 15000r/min 离心 5min,重复此操作一次。

④取上清液,加 2 倍体积上清液的冰无水乙醇, -20℃静置沉淀 30min 后 8000r/min 离心 5min,弃上清液。

⑤将沉淀于 37℃烘至微干,并加 100μL 灭菌超纯水重悬 DNA, -20℃保存备用。

（4）试剂盒法　用接种环从培养 4 ~ 5d 的察氏培养基平板上刮取大约 50mg 菌丝体，按照 Zymo Research 试剂盒的操作步骤提取 DNA，-20℃保存备用。

四、提取 DNA 的纯度及浓度检测

取提取的 DNA 样品 50μL，稀释 4 倍后充分混匀，在紫外分光光度计上分别测定波长 260nm 和 280nm 处 OD 值（表示被检测物吸收掉的光密度），并根据 OD_{260}/OD_{280} 值（OD_{260} 代表核酸的光密度，OD_{280} 代表蛋白质的光密度）的大小判断提取 DNA 的纯度，再根据 OD_{260} 值计算提取 DNA 浓度，如式 6-1 所示。

$$\text{DNA 质量浓度}(\mu g/mL) = OD_{260} \times 50 \times \text{稀释倍数} \qquad (6-1)$$

五、PCR 扩增

参照文献选定引物（Mark et al.，2003）为：正向引物（上游）为 5′-ATC GGC TGC GGA TTG AAAG-3′，反向引物（下游）为 5′-AGT CAC GGG TTT GGA GGGA-3′，由西安沃尔森生物技术有限公司合成。

PCR 反应体系（25μL）及 PCR 反应条件分别如表 6-2 和表 6-3 所示。

表 6-2　PCR 反应体系（25μL）

体系成分	体积/μL
10 × PCR 缓冲液	2.5
dNTPs	2.0
正向引物	0.5
反向引物	0.5
模板 DNA	2.5
*Taq*DNA 聚合酶	0.2
ddH_2O	16.8

表 6-3　PCR 反应条件（25μL）

反应阶段	反应温度	反应时间
预变性	94℃	5min
解链	94℃	1min
退火	57℃	45s
延伸	72℃	45s
循环数	30 个	
终延伸	72℃	10min
反应结束		

六、凝胶电泳检测

1. 制备电泳液

（1）电泳缓冲液存储液（5 × TBE）　取 Tris 54g，硼酸 27.5g，0.5mol/L EDTA（pH 为 8.0）20mL，加蒸馏水至 1000mL。

(2)电泳缓冲液使用液　取适量缓冲液存储液稀释成0.5×TBE,待用。

2. 制胶

加挡板于制胶槽的两端,水平放置,插入梳子。先将1.0g琼脂粉加入三角瓶中,然后加入100mL 0.5×TBE液,充分摇匀。置三角瓶于微波炉中高火加热约5min,取出充分摇匀,室温自然冷却至约60℃时,加0.5μL EB(溴化乙锭),充分搅拌混匀后倒入制胶槽中,再室温自然冷却约30min后轻轻拔出梳子,即制成1.0%(质量/体积)的凝胶。

3. 点样

将制成的1.0%凝胶和制胶槽一块浸入0.5×TBE电泳缓冲液中。

(1)总DNA点样　用微量移液器取试验真菌总DNA样品各5μL,加入Loading Buffer(染色剂),充分混匀后小心加入胶孔。

(2)PCR扩增产物点样:先用微量移液器取5μL标准DNA加入胶孔中,再分别取所有试验真菌的PCR扩增产物各5μL,加入Loading Buffer(染色剂),充分混匀后小心加入胶孔。

4. 电泳

(1)总DNA电泳　100V电压电泳约4h。

(2)PCR扩增产物电泳　100V电压电泳约40min。

5. 拍照

电泳结束后取出凝胶,将其置于凝胶成像仪中,观察扩增目的DNA分子片段的大小及完整性,拍照,分析试验结果。

第二节　结果与分析

一、四种方法提取DNA纯度及浓度检测结果

表6-4　四种方法提取扩展青霉DNA的结果

提取方法	测定指标		OD_{260}/OD_{280}	质量浓度/(μg/mL)
	OD_{260}	OD_{280}		
氯化苄法	0.050	0.034	1.471	10.0
玻璃珠法	0.067	0.043	1.558	13.4
玻璃珠+氯化苄法	0.096	0.054	1.778	19.2
试剂盒法	0.112	0.058	1.931	22.4

注:在260nm波长处,1OD相当于双螺旋DNA 50μg/mL。

从表 6－4 的紫外检测结果可以看出，4 种方法均可提取到扩展青霉基因组 DNA，且提取基因组 DNA 的 OD_{260}/OD_{280} 值为 1.471～1.931。从 OD_{260}/OD_{280} 值上可知，试剂盒法提取的基因组 DNA 纯度最高（$OD_{260}/OD_{280}=1.931$），玻璃珠＋氯化苄法次之（$OD_{260}/OD_{280}=1.778$），氯化苄法最低（$OD_{260}/OD_{280}=1.471$）。从提取 DNA 质量浓度方面比较可知，依然是试剂盒法获得的扩展青霉基因组 DNA 质量浓度最大（22.4μg/mL），玻璃珠＋氯化苄法次之（19.2μg/mL），氯化苄法最低（10.0μg/mL）。因此，从提取效果比较得知，试剂盒法和玻璃珠＋氯化苄法均适合于扩展青霉基因组 DNA 的提取；但从经济成本角度而言，玻璃珠＋氯化苄法更适合于提取扩展青霉基因组 DNA。

二、四种方法提取总 DNA 样品检测结果

由图 6－1 可见，4 种方法均能提取扩展青霉总 DNA，其分子质量约为 20kbp。试剂盒法和玻璃珠＋氯化苄法提取的扩展青霉 DNA 条带较亮，说明模板中 DNA 浓度较高；相比之下，氯化苄法和玻璃珠法提取的 DNA 经凝胶电泳后的条带较暗，说明模板中 DNA 浓度较低，尤其是氯化苄法的 DNA 电泳条带非常弱。由此可知，试剂盒法和玻璃珠＋氯化苄法均适宜于提取扩展青霉基因组 DNA。

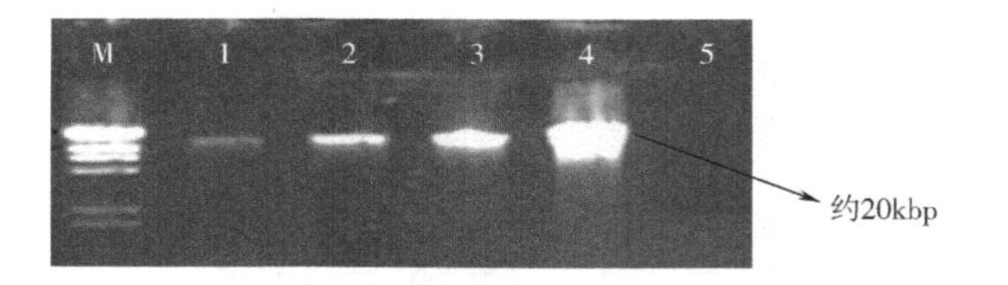

图 6－1　扩展青霉总 DNA 电泳图

M—Marker λ－Hind Ⅲ digest，从下到上：2027bp、2322bp、4361bp、6557bp、9416bp、23130bp；

泳道 1～5 分别为氯化苄法、玻璃珠法、玻璃珠＋氯化苄法、试剂盒法、空白对照

三、PCR 扩增检测结果

四种不同的提取方法获得的扩展青霉基因组 DNA 经 PCR 扩增、凝胶电泳后均有 404bp 大小的目的条带出现（图 6－2），说明提取的 DNA 均得到了扩增，但点样量不一样，氯化苄法和玻璃珠法的点样量均为 10μL，玻璃珠＋氯化苄法和试剂盒法的点样量均为 5μL。从扩增条带的亮暗程度上看，试剂盒法扩增条带最亮，

玻璃珠 + 氯化苄法次之,氯化苄法最弱,而且氯化苄法和玻璃珠法需要加大点样量才能出现较明亮的目的条带,在扩增效果上依然与试剂盒法和玻璃珠 + 氯化苄法相差较大,由此表明氯化苄法和玻璃珠法单独使用,提取扩展青霉基因组 DNA 的效果较差。相比之下,玻璃珠 + 氯化苄法提取的 DNA 扩增的目的条带亮度非常接近于试剂盒法,可以满足进一步试验的要求,并且此法比美国 Zymo Research 公司试剂盒法成本要低很多。因此,玻璃珠 + 氯化苄法更适合于扩展青霉基因组 DNA 的提取。

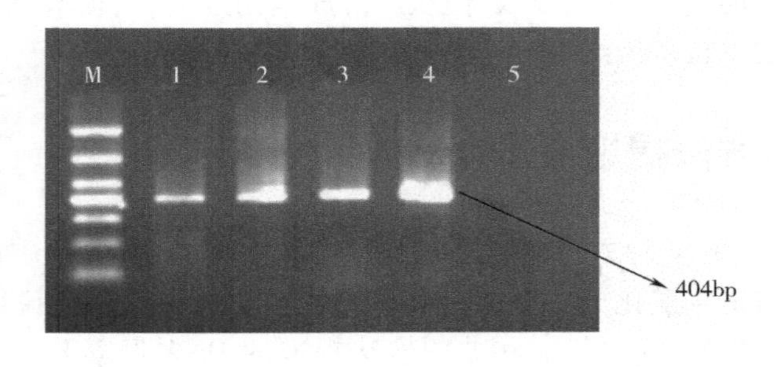

图 6 – 2　PCR 产物电泳图谱

M—Marker DL – 1000,从下到上:100bp、200bp、300bp、400bp、500bp、700bp、1000bp;
泳道 1 ~ 5 分别为氯化苄法、玻璃珠法、玻璃珠 + 氯化苄法、试剂盒法、空白对照

第三节　结论与讨论

综合对比上述 4 种方法,氯化苄法和玻璃珠法效果较差,不能满足试验的要求;试剂盒法虽然效果良好但价格昂贵,不宜作为首选;相比之下,玻璃珠 + 氯化苄法,成本低廉,操作简便而且结果稳定,可用作制备扩展青霉 DNA 模板的方法,以供 PCR 鉴定之用。

第七章　PCR特异性扩增扩展青霉3.3703和扩展青霉3.5425

第一节　材料与方法

一、材料与试剂

1. 试验菌株

菌株	来源
扩展青霉3.3703(标准菌株)(*Penicillum expansum* 3.3703)	中国普通微生物菌种保藏管理中心
扩展青霉3.5425(标准菌株)(*Penicillum expansum* 3.5425)	中国普通微生物菌种保藏管理中心
扩展青霉(国外菌株)(*Penicillum expansum*)	加拿大国家食品安全研究所
扩展青霉(分离菌株)(*Penicillum expansum*)	分离自腐烂苹果
圆弧青霉(*Penicillium cyclopium*)	分离自腐烂苹果
皮落青霉(*Penicillium crustosum*)	分离自腐烂苹果
产黄青霉(*Penicillium chrysogenum*)	分离自腐烂苹果
矮棒曲霉(*Aspergillus clavatonanicus*)	分离自腐烂苹果
黄柄曲霉(*Aspergillus flavipes*)	分离自腐烂苹果
杂色曲霉(*Aspergillus vercicolor*)	分离自腐烂苹果
黑曲霉(*Aspergillus niger*)	分离自腐烂苹果

烟曲霉(*Aspergillus fumigatus*)	分离自腐烂苹果
黄曲霉(*Aspergillus flavus*)	分离自腐烂苹果
赭曲霉(*Aspergillus ochraceus*)	分离自腐烂苹果

2. 主要试验试剂

真菌 DNA 提取试剂盒	美国 Zymo Research 公司
Tris 饱和酚 - 氯仿(1:1)混合液	美国 Sigma 公司
酸洗玻璃珠	美国 Sigma 公司
Triton X - 100	美国 Sigma 公司
Tris 饱和酚	美国 Sigma 公司
EB(溴化乙锭)	美国 Amresco 公司
十二烷基硫酸钠(SDS)	美国 Amresco 公司
Tris - HCl	美国 Amresco 公司
$Na_2EDTA \cdot 2H_2O$	美国 Amresco 公司
硼酸	美国 Amresco 公司
10 × PCR 缓冲液	日本 TaKaRa 公司
*Taq*DNA 聚合酶	日本 TaKaRa 公司
DNA Marker	日本 TaKaRa 公司
dNTPs	日本 TaKaRa 公司
PCR 引物	委托西安沃尔森生物技术有限公司合成
琼脂粉	日本制造(Bao Xin 生物分装)
氯化苄	天津市化学试剂六厂(分析纯)
氯仿	天津市化学试剂六厂(分析纯)
乳酸	天津市化学试剂六厂(分析纯)
苯酚	天津市化学试剂六厂(分析纯)

异戊醇	天津市化学试剂六厂(分析纯)
无水乙醇	天津市化学试剂六厂(分析纯)
察氏培养基各成分:NaCl、NaAc、$FeSO_4 \cdot 7H_2O$、$MgSO_4 \cdot 7H_2O$、KCl、K_2HPO_4、$NaNO_3$、蔗糖	西安化学试剂厂
酚:氯仿:异戊醇(25:24:1)混合液	西北农林科技大学食品科学与工程学院食品微生物试验室自制
DNA 提取液:2% Trition X - 100, 10% SDS, 1mmol/L EDTA, 100mmol/L NaCl, 10mmol/L Tris - HCl, 调节溶液 pH 至 8. 0	西北农林科技大学食品科学与工程学院食品微生物试验室自制

二、仪器与设备

ES - 315 型全自动高压蒸汽灭菌锅	广州东南科仪有限公司
HWS - 450 智能恒温/恒湿培养箱	浙江宁波海曙赛福试验仪器厂
JA21002 电子天平	上海实生细胞生物技术有限公司
CPA 系列分析天平	德国赛多利斯公司
HH - 1 电控恒温水浴锅	北京科伟永兴仪器有限公司
WH 型电热恒温干燥箱	北京信康亿达科技发展有限公司
雷磁牌 PHS - 3C 型精密试验室 pH 计	上海雷磁牌仪器厂
BCD - 260TD 海尔冰箱	海尔集团
HC - 2518R 冷冻高速离心机	安徽中科中佳科学仪器有限公司
QB - 600 高速振荡混合器	北京佳源兴业科技有限公司
Gel Doc XR + 凝胶成像分析系统	美国伯乐 BIO - RAD 公司
MG - 5062SD 微波炉	天津承吉伟业科技发展有限公司
ZKX - 003 型无菌超净工作台	深圳市卓凯鑫净化科技有限公司
Arium611DI 超纯水制备系统	德国赛多利斯公司
0. 5 ~ 1000μL 精密微量移液器	上海求精生化试剂仪器公司
枪头、离心管、PE 管	西安沃尔森生物技术有限公司

3111 型移液枪(2.5μL、20μL、200μL、1000μL)	美国伯乐 BIO - RAD 公司
UV - 2802 紫外分光光度计	美国尤尼克公司
PTC - 200PCR 扩增仪	美国伯乐公司

三、方法与步骤

1. 试验真菌培养基

试验培养基使用察氏培养基,具体成分如表 6 - 1 所示。

加蒸馏水至 1000mL,121℃灭菌 20 ~ 30min,临用前用灭菌乳酸将察氏培养基的 pH 调至 4.5。

2. 试验真菌菌种的培养

在无菌操作条件下,将扩展青霉 3.3703 标准菌株接种于察氏培养基平板上,置于真菌培养箱中,28℃避光培养 4 ~ 5d 后,备用。

3. 菌种模板 DNA 的提取

采用玻璃珠 + 氯化苄法提取扩展青霉菌株 DNA 和其他试验真菌菌株 DNA。具体步骤如下所述。

(1)用接种环从培养 4 ~ 5d 的察氏培养基平板上刮取大约 50mg 菌丝体放入装有含 400μL DNA 提取液的 1.5mL 离心管中,加 150μL 10% SDS 和 450μL 氯化苄原液,并加 700mg 玻璃珠剧烈旋涡振荡 30min,直至液体呈乳状;再 52℃水浴 1h,且每 10min 充分振荡混匀 1 次。

(2)15000r/min 离心 5min 后取上清液,加与上清液等体积的 Tris 饱和酚 - 氯仿(1:1)混合液,充分颠倒混匀后 15000r/min 离心 5min,重复此操作 2 次。

(3)取上清液,加与上清液等体积的氯仿,充分颠倒混匀后 15000r/min 离心 5min,重复此操作一次。

(4)取上清液,加 2 倍体积上清液的冰无水乙醇,-20℃静置沉淀 30min 后 8000r/min 离心 5min,弃上清液。

(5)将沉淀于 37℃烘至微干,并加 100μL 灭菌超纯水重悬 DNA,-20℃保存备用。

4. PCR 引物筛选

根据相关参考文献,设计选取 6 对引物进行 PCR 扩增试验。第一对引物:同第六章“PCR 扩增”小节;第二对至第六对引物:根据 GenBank(Accession number,

AF 047713）中扩展青霉菌株的 polygalacturonase 基因内一段保守序列，利用 Primer 5. 0 软件设计 5 对 PCR 扩增引物。6 对引物均委托西安沃尔森生物技术有限公司合成。详情如表 7 – 1 所示。

表 7 – 1　　试验所采用的 PCR 扩增引物序列

引物		核酸序列 5′→3′	扩增片段大小/bp
第一对引物（No. 1）	正向引物	5′ – ATC GGC TGC GGA TTG AAA G – 3′	404
	反向引物	5′ – AGT CAC GGG TTT GGA GGG A – 3′	
第二对引物（No. 2）	正向引物	5′ – GCT GTT CGT CCG TTA TCT TT – 3′	311
	反向引物	5′ – GGG CTG TAT GTT GGG TTA TG – 3′	
第三对引物（No. 3）	正向引物	5′ – GCT GTT CGT CCG TTA TCT TT – 3′	309
	反向引物	5′ – GCT GTA TGT TGG GTT ATG CT – 3′	
第四对引物（No. 4）	正向引物	5′ – CGC TGT TCG TCC GTT ATC TTT – 3′	308
	反向引物	5′ – TGT ATG TTG GGT TAT GCT TCG – 3′	
第五对引物（No. 5）	正向引物	5′ – CGC CAA GAA TACACC AAC T – 3′	288
	反向引物	5′ – TCC AAA GAT AAC GGA CGA A – 3′	
第六对引物（No. 6）	正向引物	5′ – CTG TTC GTC CGT TAT CTT T – 3′	304
	反向引物	5′ – TAT GTT GGG TTA TGC TTC G – 3′	

5. PCR 扩增

将所选择的 6 对 PCR 扩增引物应用于检测标准菌扩展青霉 3. 3703 和扩展青霉 3. 5425，7 对引物的扩增均在 25μL 的 PCR 反应管中进行，以获得适合检测扩增扩展青霉的 PCR 引物。其第一对引物的 PCR 反应体系和反应条件分别如表 6 – 2 和表 6 – 3 所示，经过预试验第二对至第六对引物的 PCR 反应条件如表 7 – 2 所示。

表 7 – 2　　第二至第六对的 PCR 反应条件

反应阶段	反应温度	反应时间
预变性	94℃	5min
解链	94℃	1min
退火	56℃	30s
延伸	72℃	30s
循环数	30 个	
终延伸	72℃	10min
反应结束		

6. 凝胶电泳检测

(1)制备电泳液

①电泳缓冲液存储液(5 × TBE)　取 Tris 54g，硼酸 27.5g，0.5mol/L EDTA (pH 为 8.0)20mL，加蒸馏水至 1000mL。

②电泳缓冲液使用液　取适量缓冲液存储液稀释成 0.5 × TBE，待用。

(2)制胶　加挡板于制胶槽的两端，水平放置，插入梳子。先将 1.0g 琼脂粉加入三角瓶中，然后加入 100mL 0.5 × TBE 液，充分摇匀。置三角瓶于微波炉中高火加热约 5min，取出后充分摇匀，于室温下自然冷却至约 60℃时，加 0.5μL EB(溴化乙锭)，充分搅拌混匀后倒入制胶槽中，再室温自然冷却约 30min 后轻轻拔出梳子，即制成质量浓度为 1.0% 的凝胶。

(3)点样　将制成的 1.0% 凝胶和制胶槽一块浸入 0.5 × TBE 电泳缓冲液中。

①总 DNA 点样　用微量移液器取试验真菌总 DNA 样品各 5μL，加入 Loading Buffer(染色剂)，充分混匀后小心加入胶孔。

②PCR 扩增产物点样　先用微量移液器取 5μL 标准 DNA 加入胶孔中，再分别取所有试验真菌的 PCR 扩增产物各 5μL，加入 Loading Buffer(染色剂)，充分混匀后小心加入胶孔。

(4)电泳

①总 DNA 电泳　100V 电压下电泳约 4h。

②PCR 扩增产物电泳　100V 电压下电泳约 40min。

(5)拍照　电泳结束后取出凝胶，将其置于凝胶成像仪中，观察扩增目的 DNA 分子片段的大小及完整性，拍照，分析试验结果。

7. PCR 特异性试验

采用菌种模板 DNA 的提取方法提取扩展青霉、圆弧青霉、皮落青霉、黄炳曲霉、矮棒曲霉、黑曲霉、黄曲霉、赭曲霉 8 种分离真菌的 DNA，进行 PCR 扩增，以检验设计引物的特异性。反应体系和运行参数同 PCR 扩增章节的内容。

8. PCR 敏感性试验

扩展青霉 3.3703 菌体经平板培养后，用无菌水冲洗平板和无菌接种环刮取约 50mg 培养的湿菌体，加入到 450mg 无菌水中，并相继做 10 倍梯度稀释至 10^{-6}倍，采用菌种模板 DNA 的提取方法提取 DNA 和 PCR 检测；同时对原 50mg 湿菌体提取的 DNA 作 10 倍梯度稀释至 10^{-6}倍并进行 PCR 检测，反应体系和运行参数均同 PCR 扩增。

第二节　结果与分析

一、PCR 扩增引物筛选结果

由图 7 - 1 可以看出，第一对引物只能扩增出标准的扩展青霉 3. 3703，而扩增不出标准菌株 3. 5425。这说明第一对引物对于扩增扩展青霉不适用，应该选择重新设计引物。

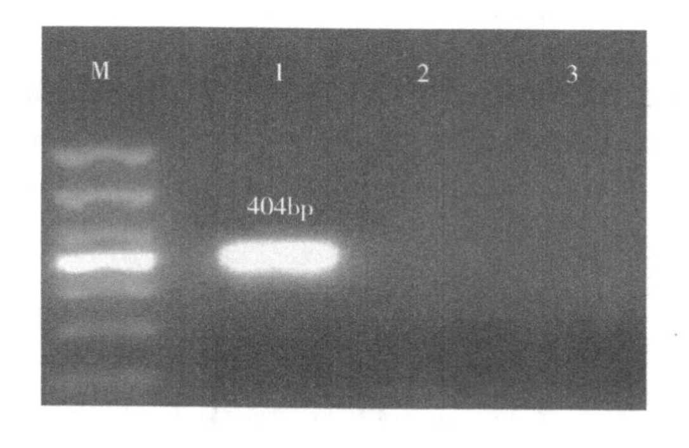

图 7 - 1　第一对引物扩增结果

M—Marker DL - 1000，从下到上 100bp、200bp、300bp、400bp、500bp、700bp、1000bp；

泳道 1 ~ 3 分别为扩展青霉 3. 3703、扩展青霉 3. 5425、空白对照

图 7 - 2 显示了第二对至第六对引物的 PCR 扩增结果，由结果可以看出只有第五对引物扩增出的片段大小与预先软件设计扩增片段大小一致，其他引物的扩增结果均与软件设计扩增片段不一致，故选取第五对引物作为后续试验的 PCR 扩增引物。

用筛选的第五对引物对不同的扩展青霉菌株进行 PCR 扩增，结果如图 7 - 3 所示。从图中可以看出四株扩展青霉被扩增出，这进一步说明了所选引物符合本试验要求。

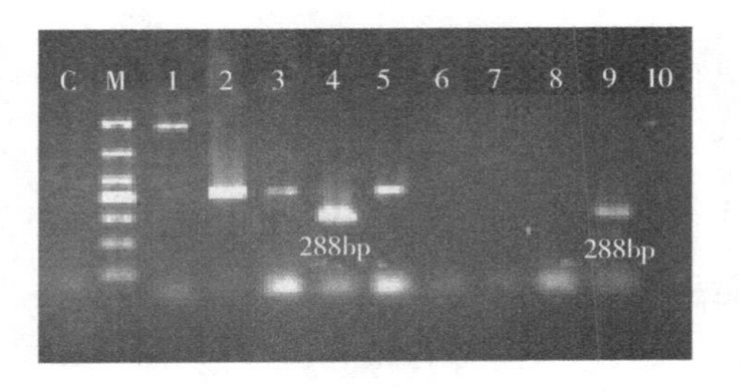

图 7 -2　第二对至第六对引物扩增结果

M—Marker DL -1000;从下到上:100bp、200bp、300bp、400bp、500bp、700bp、1000bp;

泳道 1 ~5 分别为扩增扩展青霉 3.3703 菌株的不同引物对:1—第二对引物;2—第三对引物;3—第四对引物;4—第五对引物;5—第六对引物。

泳道 6 ~10 分别为扩增扩展青霉 3.5425 菌株的不同引物对:6—第二对引物;7—第三对引物;8—第四对引物;9—第五对引物;10—第六对引物;

泳道 C—空白对照

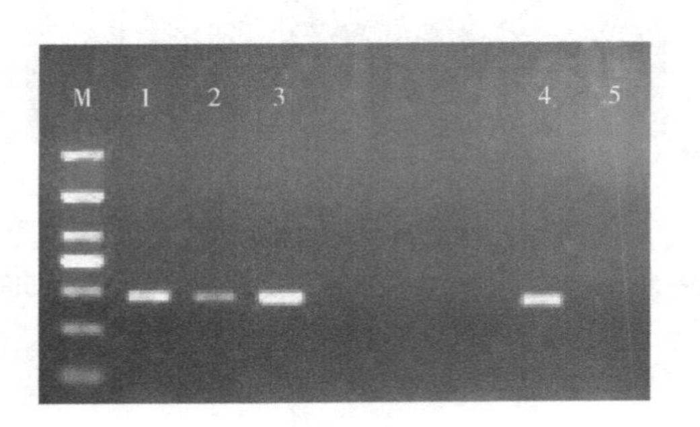

图 7 -3　不同扩展青霉菌株的扩增结果

M—Marker DL -1000,从下到上:100bp、200bp、300bp、400bp、500bp、700bp、1000bp;

泳道 1 ~5 分别为扩展青霉 3.3703、扩展青霉 3.5425、扩展青霉国外菌株、扩展青霉分离菌株、空白对照

二、PCR 引物特异性试验结果

利用设计的引物,对标准扩展青霉、分离自苹果中的扩展青霉及其他真菌进行扩增,检测结果如图 7 -4 所示。结果显示:两株扩展青霉均可扩增出 288bp 的

特异性目的条带,而其他 7 种真菌均未得到任何扩增条带,并且多次试验的重复性良好。由此可得出在该试验条件下此引物对扩展青霉具有很高的特异性,只扩增扩展青霉 DNA,而不扩增其他真菌 DNA。

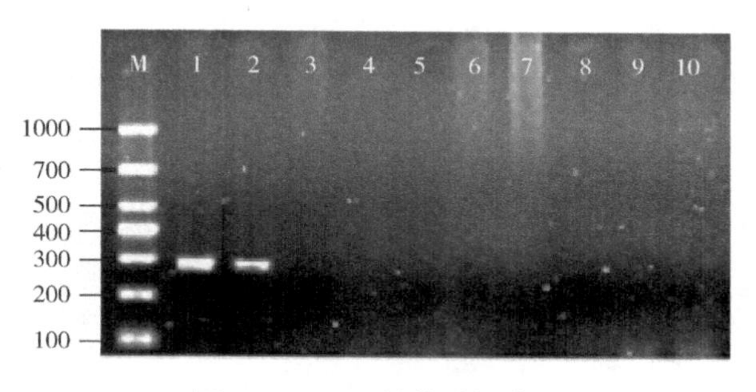

图 7-4　PCR 的特异性检测

M—Marker DL-1000,从下到上:100bp、200bp、300bp、400bp、500bp、700bp、1000bp;

泳道 1~10 分别为扩展青霉 3.3703、扩展青霉、圆弧青霉、皮落青霉、黄炳曲霉、矮棒曲霉、黑曲霉、黄曲霉、赭曲霉、空白对照

三、PCR 敏感性试验结果

1. 菌液梯度稀释扩增结果

标准扩展青霉菌液梯度稀释提取 DNA 的扩增结果如图 7-5 所示。在 10^{-3} 倍稀释液时目的条带亮度明显减弱。当达到 10^{-4} 倍稀释液时,目的条带已完全消失。这说明菌液稀释后的检测限大约在 10^{-3} 倍稀释液处。经血球计数板计数得知,原始菌液的孢子浓度为 1.34×10^6 个孢子/mL。由此可推算得出,扩展青霉菌液的最低检测限为 1.34×10^3 个孢子/mL。

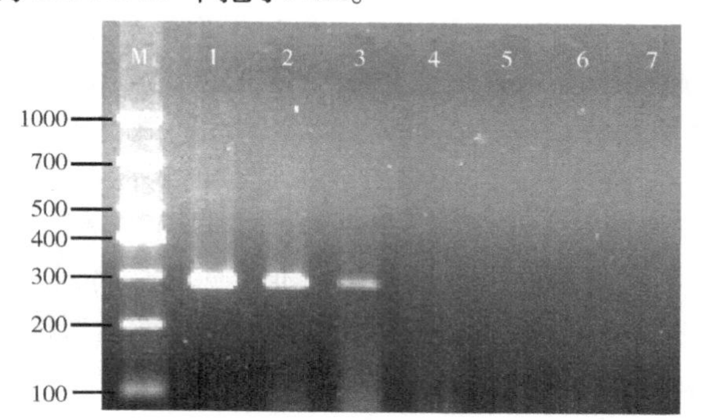

图 7-5　菌液梯度稀释提取 DNA 进行 PCR 扩增的结果

M:Marker DL-1000,从下到上:100bp、200bp、300bp、400bp、500bp、700bp、1000bp;

泳道 1~7 分别为 10^{-1}、10^{-2}、10^{-3}、10^{-4}、10^{-5}、10^{-6} 稀释液、空白对照

2. 模板 DNA 梯度稀释扩增结果

图 7-6 为提取的 DNA 梯度稀释后扩增的电泳结果。由图可看出,在 10^{-3}倍稀释液时依然可以看到目的条带,但不是很清晰,当稀释液达到 10^{-4}倍时目的条带完全消失。经试验测定得知,提取的原始扩展青霉菌液 DNA 质量浓度约为 24.0μg/mL。因此,本试验条件下的 DNA 质量浓度检测限约为 2.40×10^{-2} μg/mL。

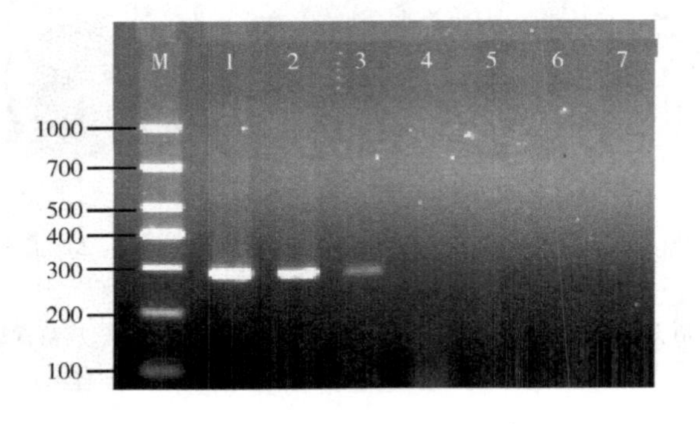

图 7-6　DNA 梯度稀释进行 PCR 扩增的结果

M—Marker DL-1000,从下到上:100bp、200bp、300bp、400bp、500bp、700bp、1000bp;

泳道 1~7 分别为 10^{-1}、10^{-2}、10^{-3}、10^{-4}、10^{-5}、10^{-6}稀释液、空白对照

第三节　结论与讨论

本试验根据扩展青霉 POL 基因内一段保守序列设计了 288bp 的 PCR 扩增引物,并参照相关文献优化了 PCR 反应体系,结果显示此 PCR 扩增引物具有很高的特异性,对标准菌株和分离到的扩展青霉 DNA 都能进行很好的扩增,经多次试验,未出现假阴性和假阳性结果,而且对其他近缘的霉菌都不予扩增。灵敏度试验表明菌体的检测限为 1.34×10^3 个孢子/mL,DNA 的检测限为 2.40×10^{-2} μg/mL,显示了所设计引物很高的灵敏性。用标准菌株和分离到的菌株感染苹果,提取 DNA 也能得到良好的扩增,进一步验证了这种方法的适用性。

第八章　扩展青霉 3.5425 实时 PCR 快速检测条件优化

第一节　材料与方法

一、材料与试剂

1. 试验菌株

标准菌株扩展青霉 3.5425 购于中国普通微生物菌种保藏管理中心。

2. 主要试剂

主要为察氏培养基所需的 NaCl、NaAc、$FeSO_4 \cdot 7H_2O$、$MgSO_4 \cdot 7H_2O$、KCl、K_2HPO_4、$NaNO_3$、蔗糖、琼脂粉、乳酸；荧光染料；真菌基因组 DNA 提取试剂盒（美国 Zymo Research 公司）。

二、仪器与设备

iQ5 Real - Time PCR 仪	BIO - RAD 公司
数码显微照相 DMBA400 Motic 软件	东莞永盛电子仪器公司
SW - GJ - 1F 超净工作台	苏州安泰空气技术有限公司
HWS - 380 智能霉菌培养箱	宁波海曙赛福实验仪器厂

SPX－300B－Ⅱ生化培养箱	上海跃进医疗器械厂
ZHWY－2102 型恒温培养振荡器	上海智诚分析仪器制造有限公司
ES－315 型全自动高压灭菌锅	TOMY 公司
CS1O1－3 型电热鼓风干燥箱	重庆试验设备制造厂
电磁炉 JYC－19AS9	山东九阳小家电有限公司

三、方法与步骤

1. 菌种的培养

在无菌操作条件下，将标准菌株扩展青霉 3.5425 接种于察氏培养基(表 6－1)，置于智能霉菌培养箱中 28℃培养 4～5d。

2. DNA 的提取

菌体培养结束后，用少量无菌水冲洗培养平板，并用无菌接种环轻轻刮擦，取约 0.1g 湿菌体加入到 200μL 无菌水中，使用美国 Zymo Research 公司的真菌 DNA 提取试剂盒提取。

3. PCR 扩增反应

PCR 扩增体系：25μL 反应体系和循环体系如表 8－1、表 8－2 所示。

表 8－1　PCR 反应体系(25μL)

体系成分	体积/μL
SYBR Premix Ex	12.5
正向引物	0.5
DNA 模板(20.7ng/μL)	2.5
反向引物	0.5
ddH_2O	补充至 25μL

表 8－2　PCR 反应条件(25μL)

反应阶段	反应温度	反应时间
预变性	94℃	45s
解链	94℃	15s
退火	61℃	30s
延伸	72℃	30s
反应结束		

4. PCR 产物检测

用琼脂糖凝胶电泳法进行检测，胶浓度为 1.5%，点样量为 5μL 扩增产物，溴乙锭染色。标准 DNA 用沃尔森公司的 100～1200bp 产品。

第二节　结果与分析

一、退火温度对扩展青霉 3. 5425 实时 PCR 结果的影响

本试验选择了 6 个不同的退火温度，分别为 51、53、55、57、59、61℃。从扩增曲线、熔解曲线、电泳图中可以看出，在此温度范围内扩展青霉均可以得到良好的扩增，且没有产生明显的非特异性扩增，电泳条带清晰。以下试验均选用 57℃。如图 8 – 1 ~ 图 8 – 7 所示。

二、引物浓度对扩展青霉 3. 5425 实时 PCR 检测的影响

当 PCR 引物浓度太低时，产物量降低，会出现假阴性。其引物浓度过高，会促进引物的错误引导非特异性产物的合成，还会增加引物二聚体的形成。非特异性产物和引物二聚体也是 PCR 反应的底物，与靶序列竞争 DNA 聚合酶、dNTP 底物，从而使靶序列的扩增量降低。

本试验反应体系中选择引物最终浓度分别为 0. 2、0. 4、0. 6、0. 8、1. 0μmol/L。由扩增曲线，熔解曲线及电泳图可以看出，在 0. 2 ~ 1. 0μmol/L 的浓度范围内，目的产物都可以得到良好的扩增，没有产生非特异性扩增，目的条带清晰。以下试验选用终浓度为 0. 2μmol/L。如图 8 – 8 所示。

三、实时 PCR 灵敏度检验

根据实时 PCR 中底物浓度和扩增产物荧光值跃变的关系可知，底物浓度增加或减少 10 倍，只是产物的荧光跃变的最小循环数（Ct 值）减少或增加 3. 3，而不影响产物的扩增曲线以及产物的溶解曲线。表 8 – 3 为梯度稀释液和对应的 Ct 值。从试验结果可以看出，当底物浓度稀释到 10^{-6}倍时，起始的反应循环数就达到 29，电泳条带也不清晰。当浓度再降低时，反应的循环数需要更多，体现不出实时 PCR 快速扩增的特点。经测定，原液浓度为 20. 7μg/mL。因此，在此试验条件下，DNA 浓度的检测限约为 2.07×10^{-5}μg/mL，比普通 PCR 提高了 100 倍以上。如图 8 – 9 所示。

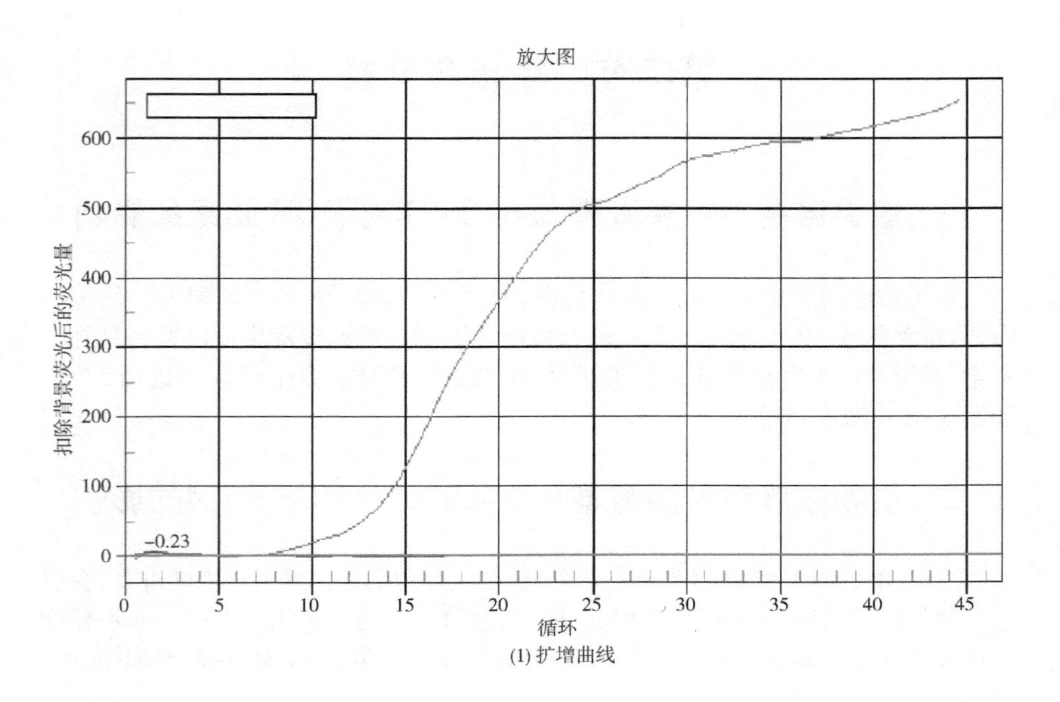

(1) 扩增曲线

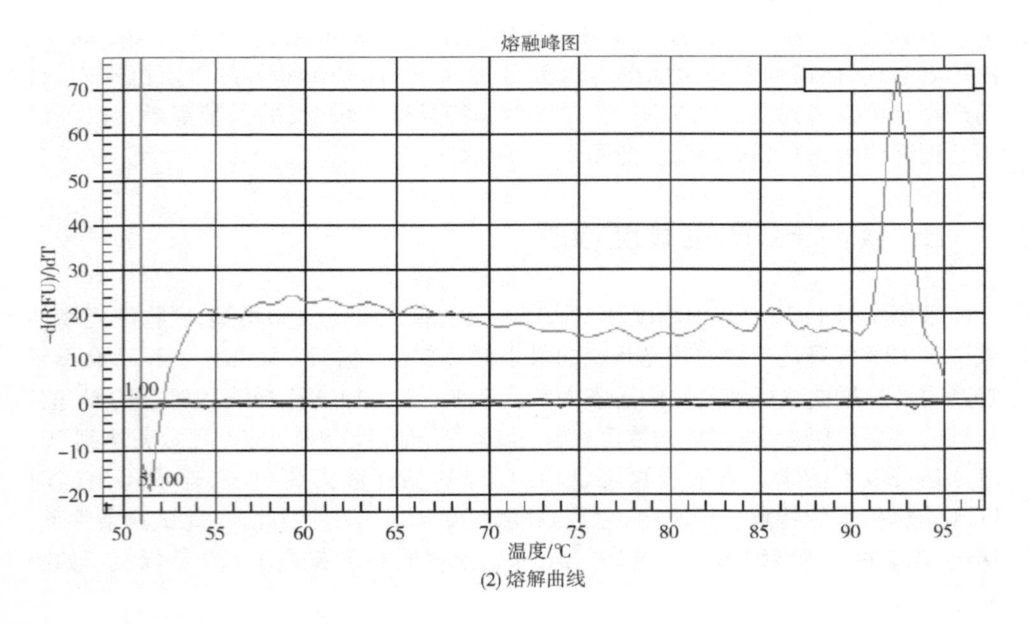

(2) 熔解曲线

图 8－1　51℃扩增曲线和熔解曲线

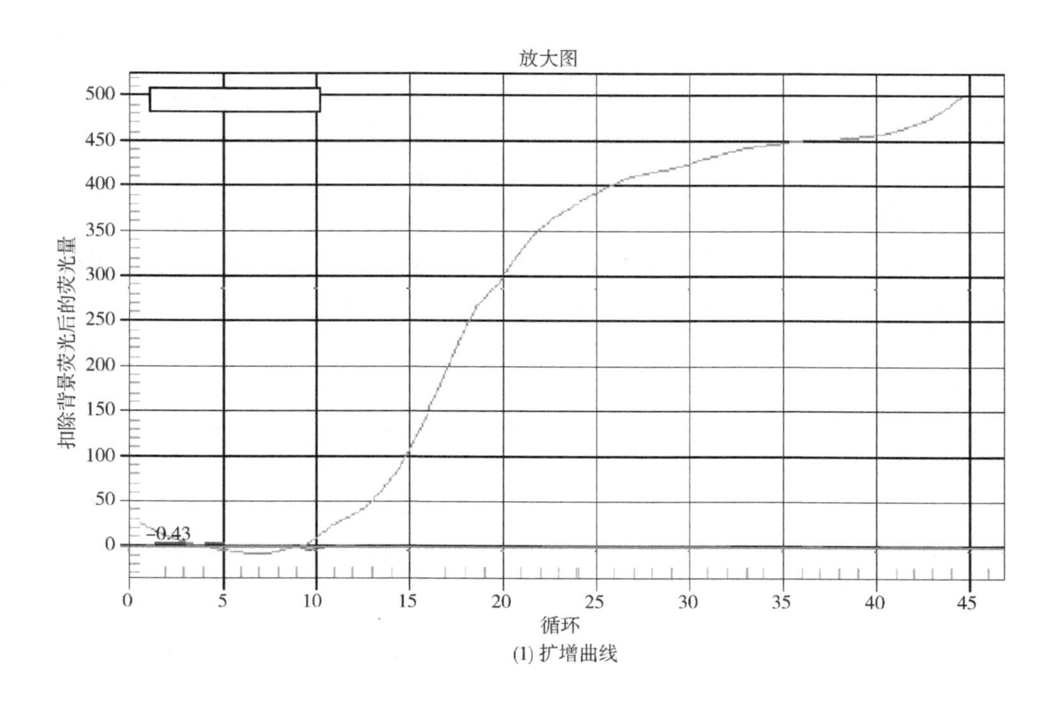

(1) 扩增曲线

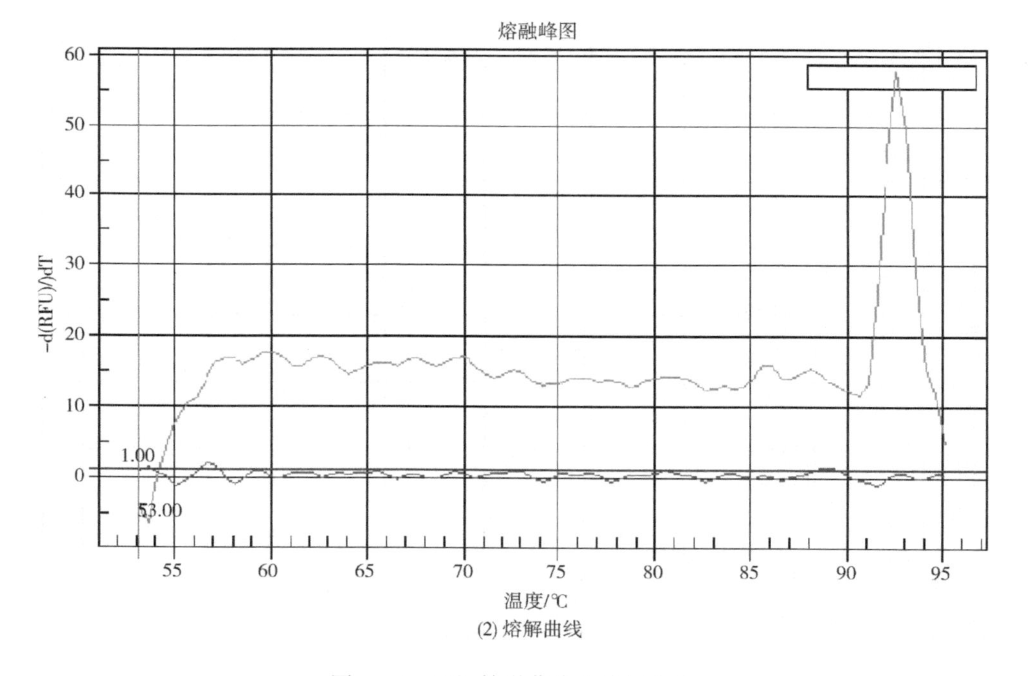

(2) 熔解曲线

图 8－2　53℃扩增曲线和熔解曲线

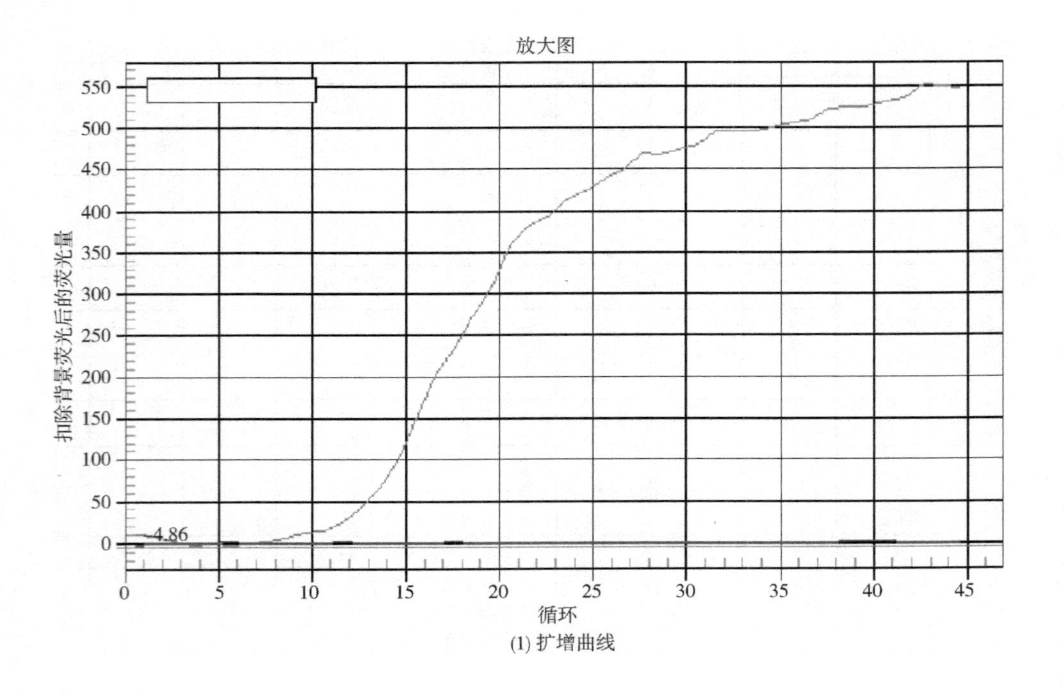

(1) 扩增曲线

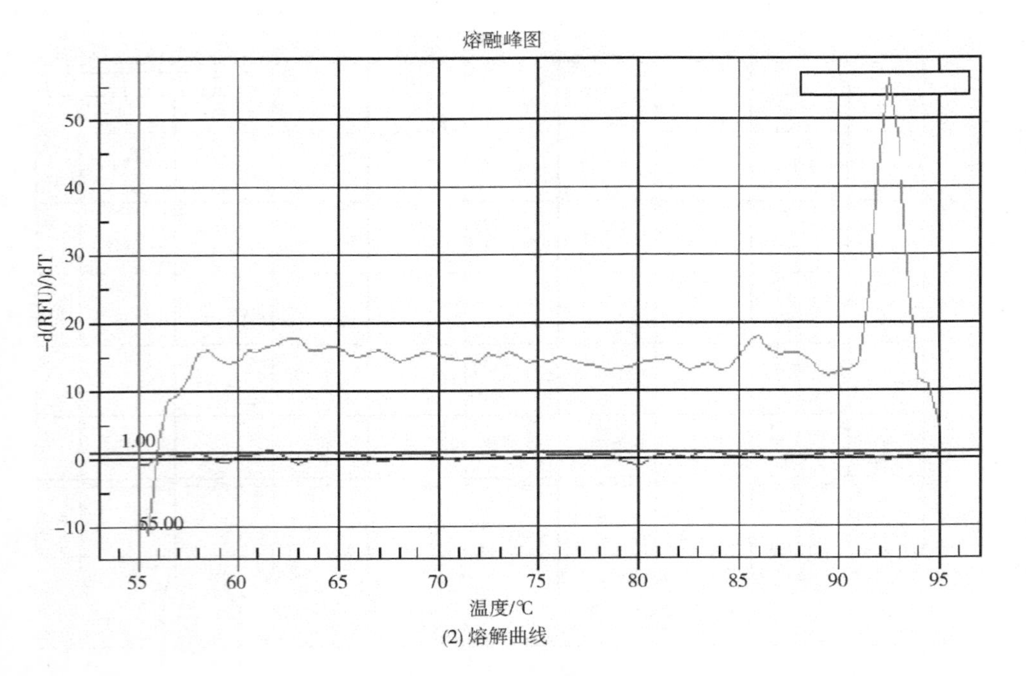

(2) 熔解曲线

图 8－3　55℃扩增曲线和熔解曲线

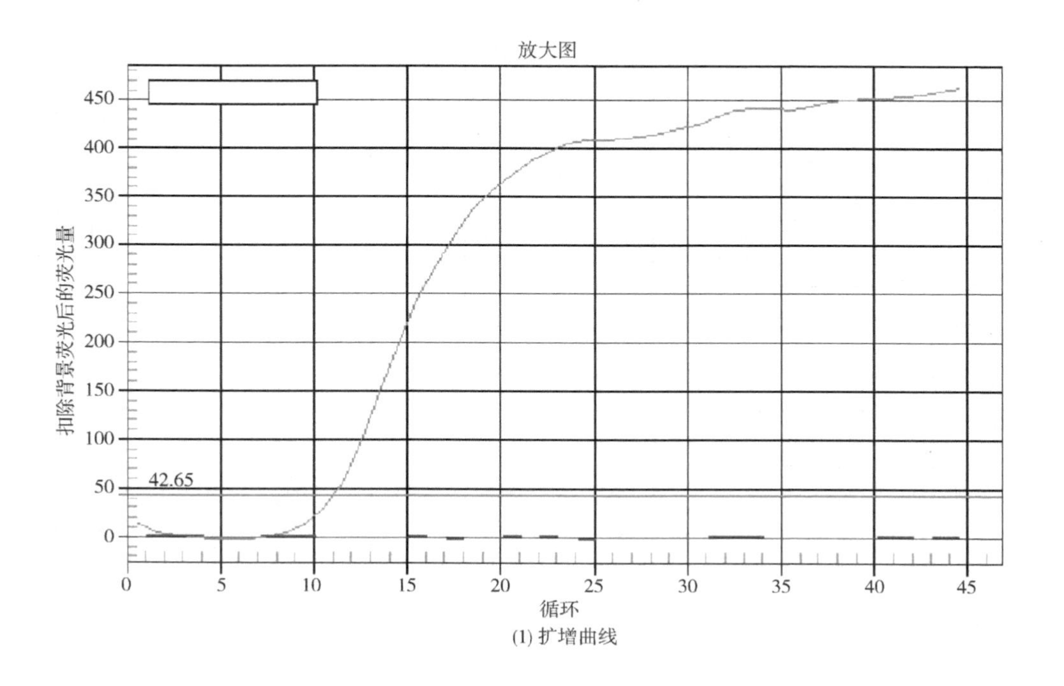

(1) 扩增曲线

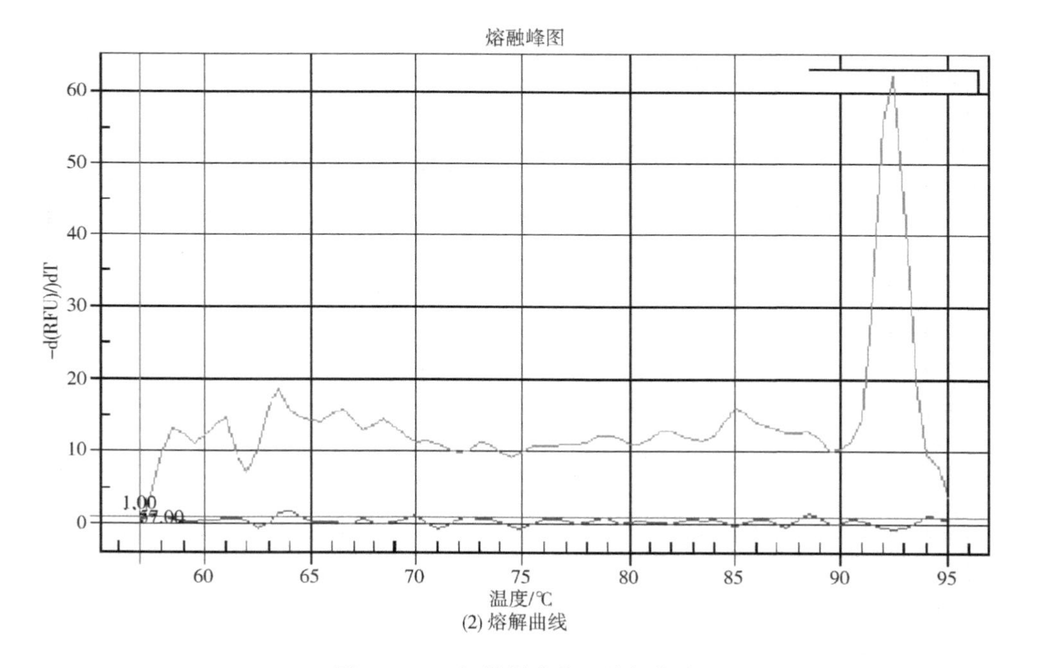

(2) 熔解曲线

图 8－4　57℃扩增曲线和熔解曲线

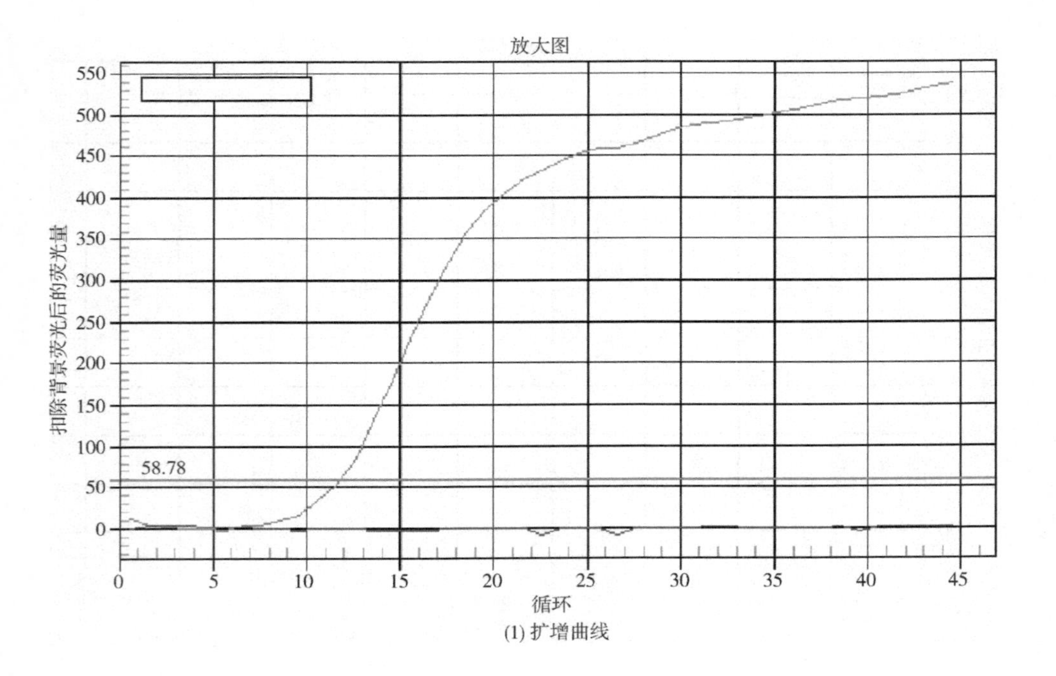

(1) 扩增曲线

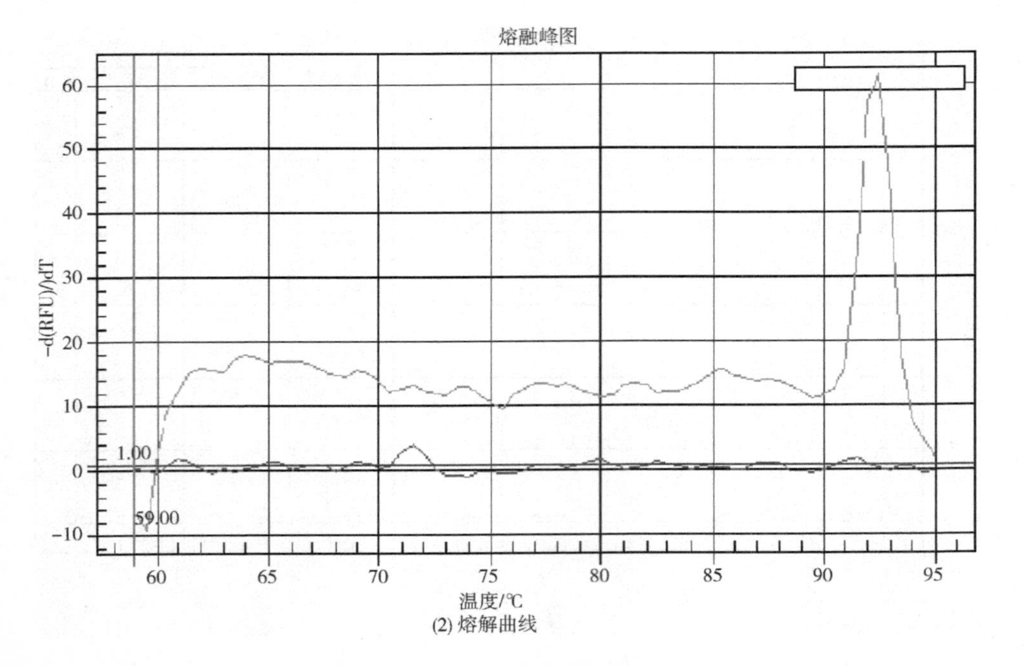

(2) 熔解曲线

图 8－5　59℃扩增曲线和熔解曲线

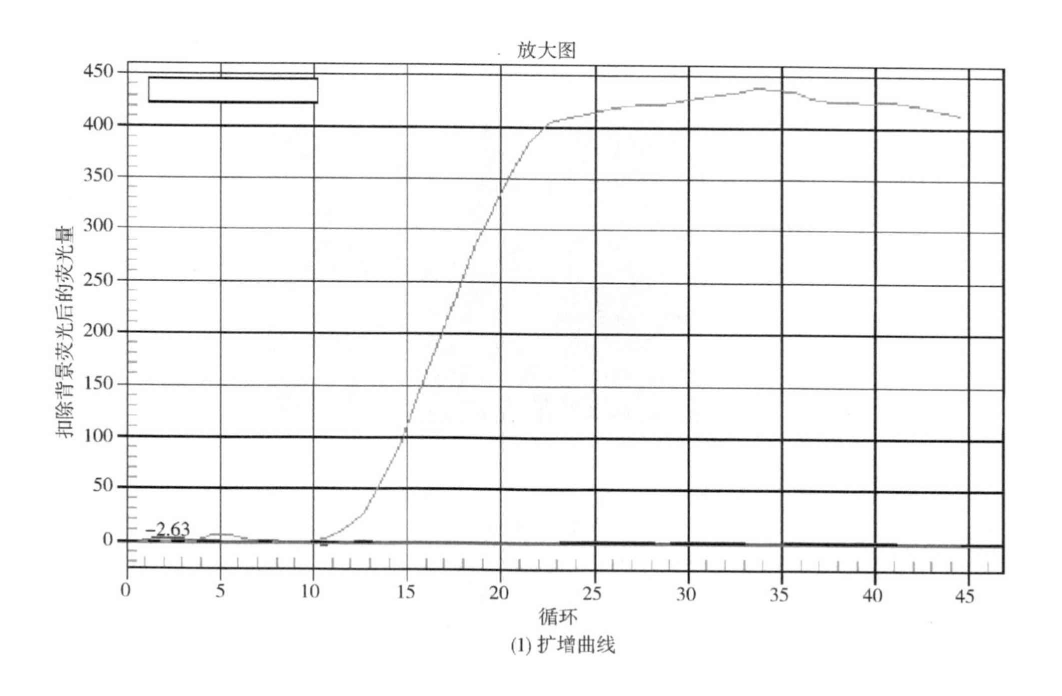

(1) 扩增曲线

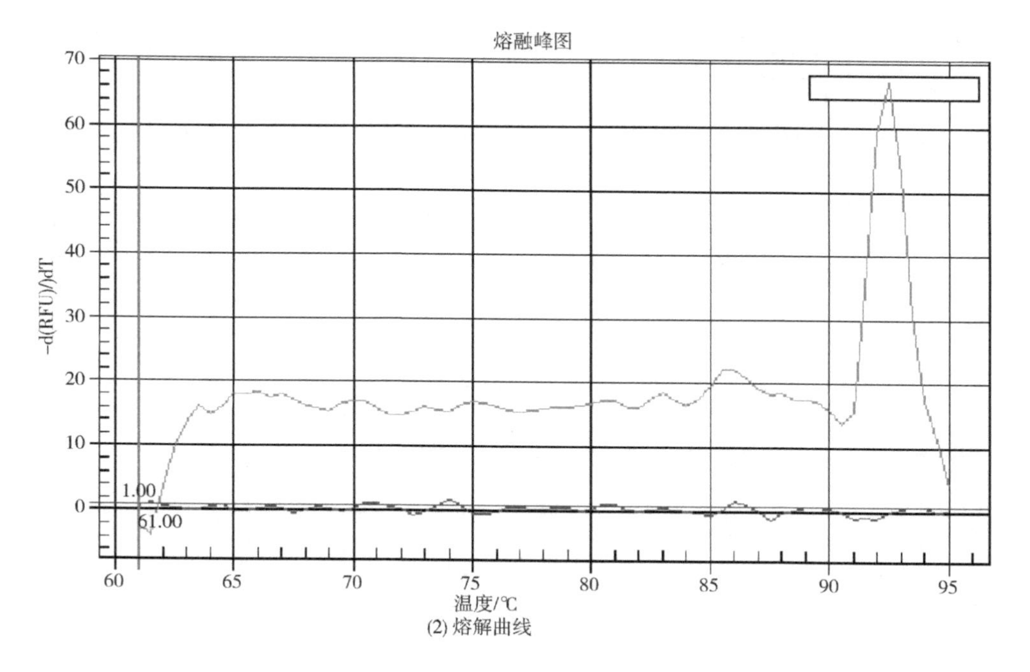

(2) 熔解曲线

图 8－6　61℃扩增曲线和熔解曲线

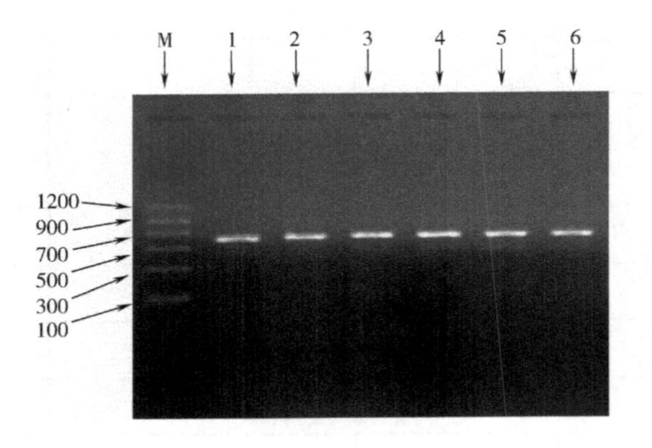

图 8 - 7　不同退火温度扩展青霉 3. 5425DNA 实时 PCR 扩增电泳结果

左泳道 DNA Marker;1—51℃,2—53℃,3—55℃,4—57℃,5—59℃,6—61℃

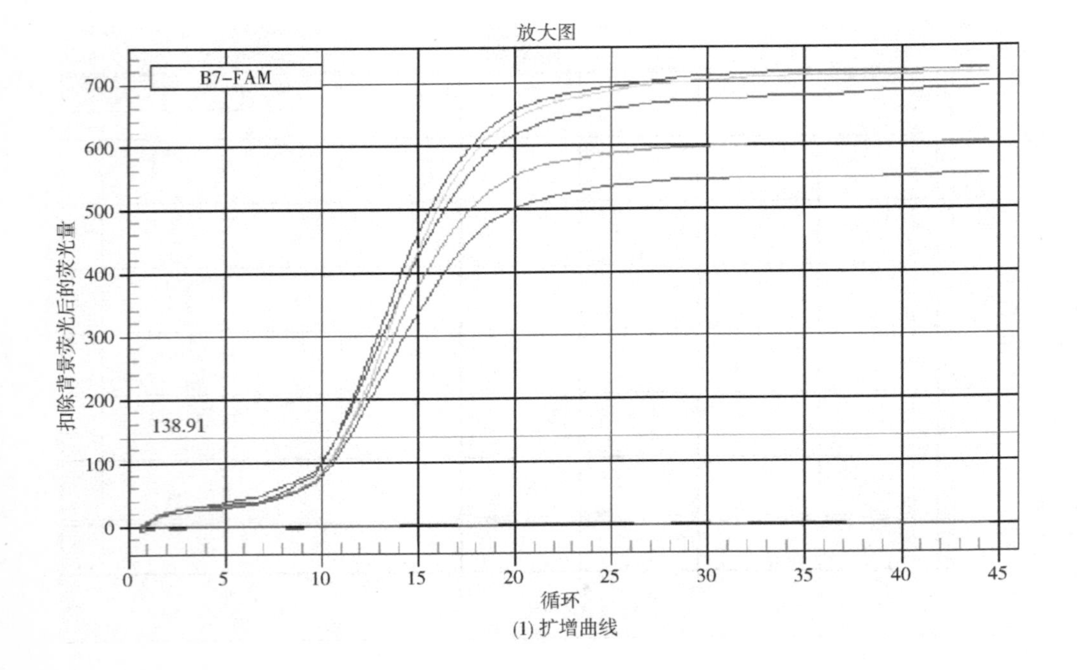

(1) 扩增曲线

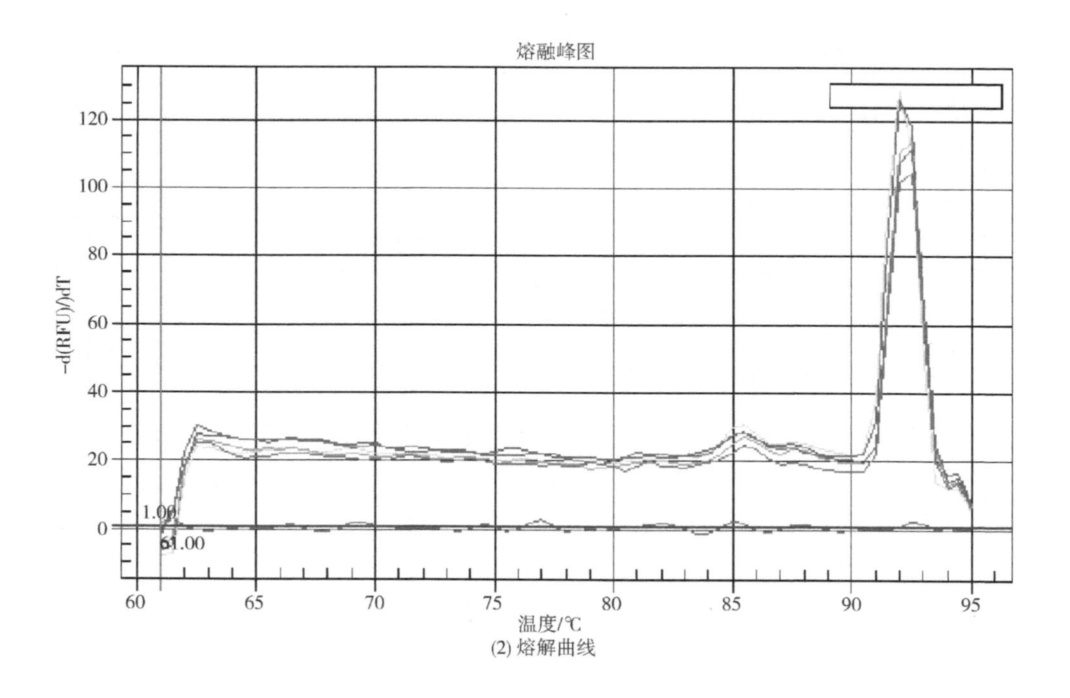

(2) 熔解曲线

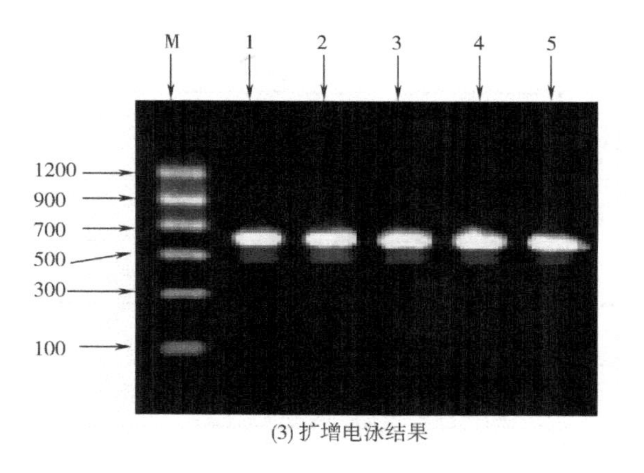

(3) 扩增电泳结果

图 8 - 8　扩展青霉 3. 5425DNA 实时 PCR 不同浓度引物扩增曲线、熔解曲线和扩增电泳结果

左泳道 DNA Marker;1—0. 2μmol/L,2—0. 4μmol/L,3—0. 6μmol/L,4—0. 8μmol/L,5—1. 0μmol/L

表 8-3　　扩展青霉 3.5425DNA 提取液梯度稀释对应的 Ct 值

梯度稀释液	原液	10^{-1}	10^{-2}	10^{-3}	10^{-4}	10^{-5}	10^{-6}
Ct 值	11.23	14.07	17.58	20.71	23.41	26.98	29.00

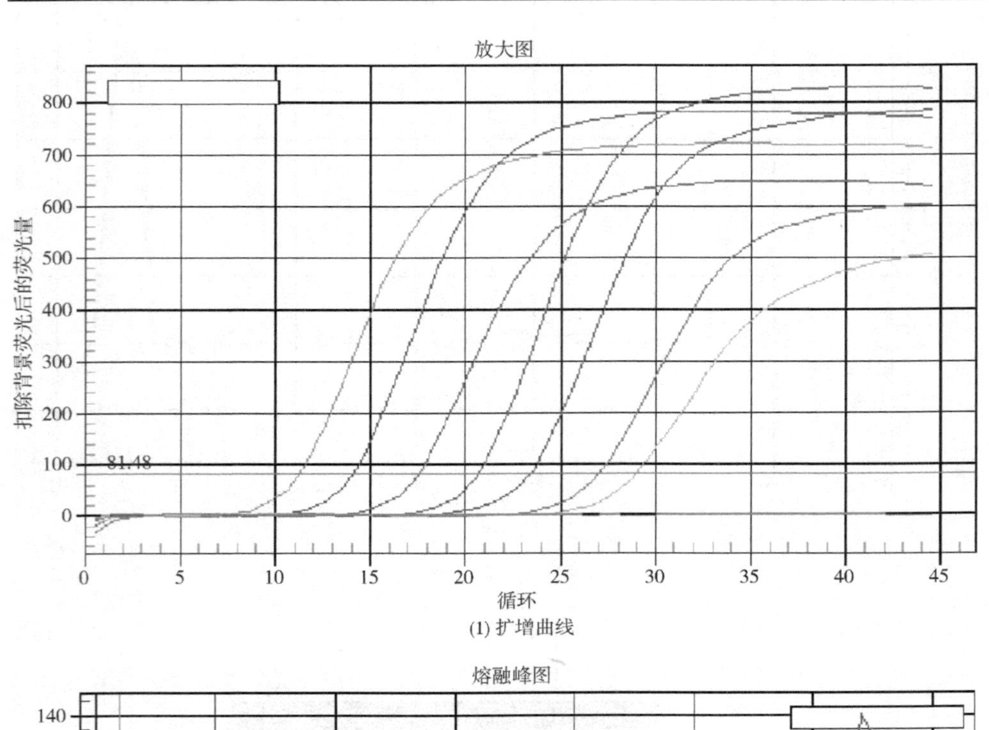

(1) 扩增曲线

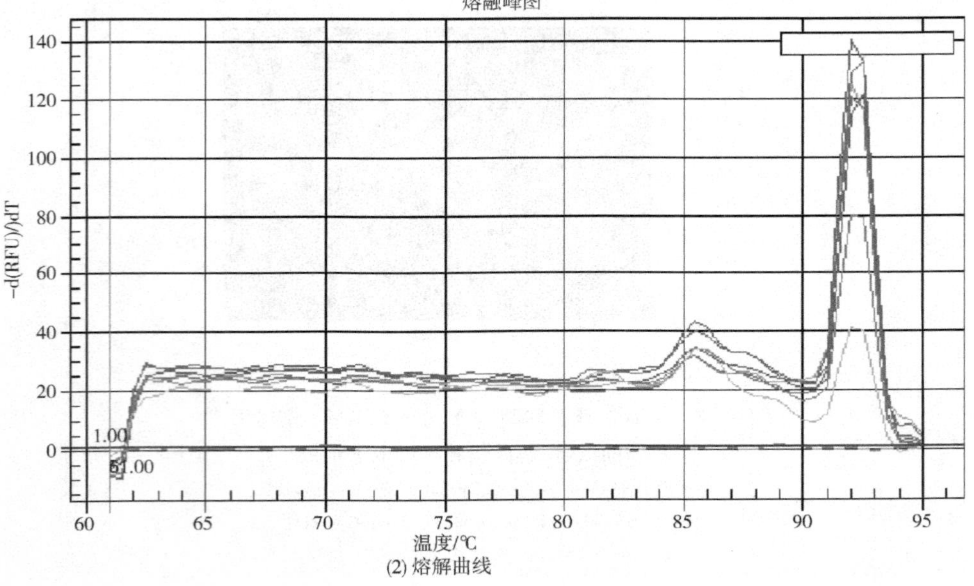

(2) 熔解曲线

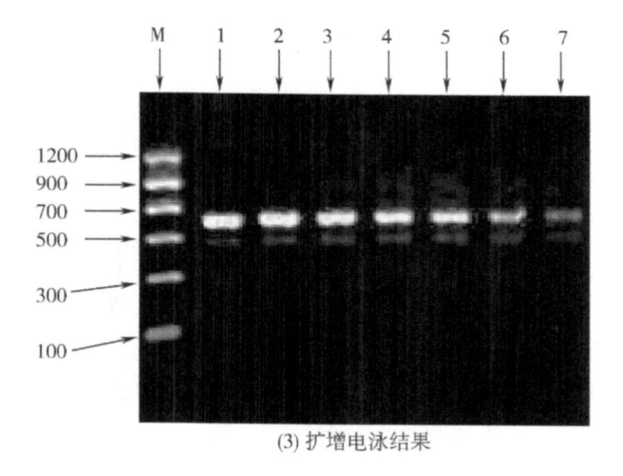

(3) 扩增电泳结果

图 8－9　扩展青霉 3. 5425DNA 提取液梯度稀释的 PCR 扩增曲线、熔解曲线和扩增电泳结果

左泳道 DNA Marker；1. 原液 2. 10^{-1} × 稀释液，3. 10^{-2} × 稀释液，4. 10^{-3} × 稀释液，5. 10^{-4} × 稀释液，6. 10^{-5} × 稀释液，7. 10^{-6} × 稀释液

第三节　结论与讨论

实时荧光 PCR 是新近发展的一项定量 PCR 技术，具有简便、快捷、直观的特点。同时由于实时 PCR 的扩增和检测都在密封体系中进行，可防止污染而导致的假阳性。SYBR Green Ⅰ是用于实时 PCR 实验的荧光指示剂，SYBR Green Ⅰ荧光染料掺入 DNA 双链后荧光信号显著增强，荧光信号的增加与 PCR 产物的增加完全同步。荧光染料法价格低，只需合成序列特异引物，通过摸索优化反应条件和荧光检测点，并用熔解曲线证实其特异性即可。荧光染料法 PCR 可以成为一种高敏感性和特异性的方法。一般来说，实时 PCR 要求退火温度较普通 PCR 要高，但本试验中在 51 ~ 61℃ 均可以扩增出良好的目的条带，且没有其他非特异性条带，这说明在此条件下实时 PCR 具有良好的退火温度适应范围，引物浓度也具有良好的适应范围，检测限也要远高于普通 PCR，具有极大地潜在实际应用价值。只是其在试验过程中对操作人员的要求标准较高，这在一定程度上影响了其在实际生产中的广泛应用。

第九章　PCR 快速检测不同来源扩展青霉的条件优化

第一节　材料与方法

一、材料与试剂

试验菌种为两株标准菌种扩展青霉 3. 3703、扩展青霉 3. 5425 和 11 株分离自腐烂苹果中的其他真菌，具体如表 9 - 1 所示。

表 9 - 1　　试验菌株及其来源

菌株名称	菌株来源
扩展青霉 3. 3703（标准菌株）（*Penicillum expansum* 3. 3703）	中国普通微生物菌种保藏管理中心
扩展青霉 3. 5425（标准菌株）（*Penicillum expansum* 3. 5425）	中国普通微生物菌种保藏管理中心
扩展青霉（国外菌株）（*Penicillum expansum*）	加拿大国家食品安全研究所
扩展青霉（分离菌株）（*Penicillum expansum*）	分离自腐烂苹果
圆弧青霉（*Penicillium cyclopium*）	分离自腐烂苹果
皮落青霉（*Penicillium crustosum*）	分离自腐烂苹果
产黄青霉（*Penicillium chrysogenum*）	分离自腐烂苹果
矮棒曲霉（*Aspergillus clavatonanicus*）	分离自腐烂苹果
黄炳曲霉（*Aspergillus flavipes*）	分离自腐烂苹果

续表

菌株名称	菌株来源
杂色曲霉(*Aspergillus vercicolor*)	分离自腐烂苹果
黑曲霉(*Aspergillus niger*)	分离自腐烂苹果
烟曲霉(*Aspergillus fumigatus*)	分离自腐烂苹果
黄曲霉(*Aspergillus flavus*)	分离自腐烂苹果
赭曲霉(*Aspergillus ochraceus*)	分离自腐烂苹果

二、主要仪器与设备

全自动高压蒸汽灭菌锅(ES－315 型)	广州东南科仪有限公司
智能恒温/恒湿培养箱(HWS－450)	浙江宁波海曙赛福试验仪器厂
电子天平(JA21002)	上海实生细胞生物技术有限公司
分析天平(CPA 系列)	德国赛多利斯公司
电控恒温水浴锅(HH－1)	北京科伟永兴仪器有限公司
电热恒温干燥箱(WH 型)	北京信康亿达科技发展有限公司
精密试验室 pH 计(雷磁牌 PHS－3C 型)	上海雷磁牌仪器厂
海尔冰箱(BCD－260TD)	海尔集团
冷冻高速离心机(HC－2518R)	安徽中科中佳科学仪器有限公司
高速振荡混合器(QB－600)	北京佳源兴业科技有限公司
凝胶成像分析系统(Gel Doc XR＋)	美国伯乐 BIO－RAD 公司
微波炉(MG－5062SD)	天津承吉伟业科技发展有限公司
无菌超净工作台(ZKX－003 型)	深圳市卓凯鑫净化科技有限公司
超纯水制备系统(Arium611DI)	德国赛多利斯公司
精密微量移液器(0.5～1000μL)	上海求精生化试剂仪器公司
枪头、离心管、PE 管	西安沃尔森生物技术有限公司
移液枪 3111 型(2.5μL、20μL、200μL、1000μL)	美国伯乐 BIO－RAD 公司
紫外分光光度计(UV－2802)	美国尤尼克公司
PCR 扩增仪(PTC－200)	美国伯乐公司

三、方法与步骤

1. 试验真菌培养基

试验培养基使用察氏培养基,具体成分如表6-1所示。

2. 试验真菌菌种的培养

在无菌操作条件下,将扩展青霉3.3703标准菌株接种于察氏培养基平板上,置于真菌培养箱中,28℃避光培养4~5d后,备用。

3. 菌种模板DNA的提取

采用玻璃珠+氯化苄法提取扩展青霉菌株DNA和其他试验真菌菌株DNA。具体步骤如下。

(1)用接种环从培养4~5d的察氏培养基平板上刮取大约50mg菌丝体放入装有含400μL DNA提取液的1.5mL离心管中,加150μL 10% SDS和450μL氯化苄原液,并加700mg玻璃珠剧烈旋涡振荡30min,直至液体呈乳状;再于52℃水浴1h,且每10min充分振荡混匀1次。

(2)15000r/min离心5min后取上清液,加与上清等体积Tris饱和酚:氯仿(1:1)混合液,充分颠倒混匀后15000r/min离心5min,重复此操作2次。

(3)取上清液,加与上清液等体积的氯仿,充分颠倒混匀后以15000r/min离心5min,重复此操作一次。

(4)取上清液,加2倍体积上清液的冰无水乙醇,于-20℃静置沉淀30min后8000r/min离心5min,弃上清液。

(5)将沉淀于37℃烘至微干,并加100μL灭菌超纯水重悬DNA,-20℃保存备用。

4. PCR扩增及电泳检测

根据第五章试验结果得知第五对引物(正向引物:5′-CGC CAA GAA TAC ACC AAC T-3′;反向引物:5′-TCC AAA GAT AAC GGA CGA A-3′;扩增片段大小:288bp)的PCR特异性良好,故选取此对引物作为PCR扩增引物,用于下一步的PCR条件优化试验。PCR反应体系和PCR反应条件,分别如表6-2、表6-3所示。

PCR扩增产物的凝胶电泳检测如下步骤进行。

(1)制备电泳液

①电泳缓冲液存储液(5×TBE):取Tris 54g,硼酸27.5g,0.5mol/L EDTA(pH为8.0)20mL,加蒸馏水至1000mL。

②电泳缓冲液使用液　取适量缓冲液存储液稀释成0.5×TBE,待用。

(2)制胶　加挡板于制胶槽的两端,水平放置,插入梳子。先将1.0g琼脂粉加入三角瓶，然后加入 100mL 0.5×TBE 液，充分摇匀。置三角瓶于微波炉中高火加热约 5min，取出后充分摇匀，于室温自然冷却至约 60℃时，加 0.5μL EB（溴化乙锭），充分搅拌混匀后倒入制胶槽中，于室温自然冷却约 30min 后轻轻拔出梳子，即制成质量浓度为 1.0% 的凝胶。

（3）点样　将制成的 1.0% 凝胶和制胶槽一块浸入 0.5×TBE 电泳缓冲液中。

①总 DNA 点样：用微量移液器取试验真菌总 DNA 样品各 5μL，加入 Loading Buffer（染色剂），充分混匀后小心加入胶孔。

②PCR 扩增产物点样：先用微量移液器取 5μL 标准 DNA 加入胶孔中，再分别取所有试验真菌的 PCR 扩增产物各 5μL，加入 Loading Buffer（染色剂），充分混匀后小心加入胶孔。

（4）电泳

①总 DNA 电泳：100V 电压电泳约 4h。

②PCR 扩增产物电泳：100V 电压电泳约 40min。

（5）拍照　电泳结束后取出凝胶，将其置于凝胶成像仪中，观察扩增目的 DNA 分子片段的大小及完整性，拍照，分析试验结果。

5. PCR 扩增条件优化

在预试验的基础上分别选取退火温度、引物浓度、模板 DNA 浓度和 dNTPs 浓度等因素进行 PCR 扩增条件的优化试验，以获得最适检测扩展青霉菌的扩增条件。

（1）PCR 退火温度的优化　在 PCR 扩增预试验中，primer 5.0 引物设计软件建议的退火温度为 56℃，但在实际的试验中还需要对退火温度进行优化，以获得最佳的 PCR 扩增效果。退火温度为首选优化条件，因其是 PCR 扩增最关键的因素。选定的优化温度为引物设计软件建议的 56℃各 5℃范围之内，本试验中的退火温度选择按梯度分布，具体如表 9－2 所示。

表 9－2　PCR 退火温度梯度分布

孔号	1	2	3	4	5	6	7	8	9	10
温度/℃	52	53	54	55	56	57	58	59	60	61

（2）PCR 引物浓度的优化　引物浓度极大地影响着 PCR 扩增的效率。经软件设计、日本 Takara 公司合成的 PCR 引物浓度为 10μmol/L，但在 25μL 的 PCR 扩增体系中，引物浓度需要根据试验要求进行优化，以使其达到最佳扩增条件。预试验中引物对的上样量为 0.5μL，其对应的引物浓度为 0.20μmol/L，在这个浓度数值左右选定几个梯度浓度进行优化试验。具体如表 9－3 所示。

表 9-3　　PCR 引物浓度分布

孔号	1	2	3	4	5	6	7	8	9	10
引物浓度/(μmol/L)	0.04	0.08	0.12	0.16	0.20	0.24	0.28	0.32	0.36	0.40
对应的 PCR 上样量/μL	0.10	0.20	0.30	0.40	0.50	0.60	0.70	0.80	0.90	1.00

(3)PCR 模板浓度的优化　在确定退火温度和引物浓度的情况下,优化 DNA 模板浓度,提取扩展青霉 DNA 模板的初始浓度为 24.0μg/mL。经预试验获得的 DNA 模板在 25μL 的 PCR 扩增体系中上样量为 2.5μL,对应的模板浓度为 2.40μg/mL。在这个数值左右取若干梯度浓度进行优化试验,具体如表 9-4 所示。

表 9-4　　PCR 模板浓度分布

孔号	1	2	3	4	5	6	7	8	9	10
模板浓度/(μg/mL)	0.96	1.44	1.92	2.40	2.88	3.36	3.84	4.32	4.80	5.28
对应的 PCR 上样量/μL	1.0	1.5	2.0	2.5	3.0	3.5	4.0	4.5	5.0	5.5

(4)PCR 底物(dNTPs)浓度的优化　在以上三个影响因素都确定时,优化 PCR 底物浓度,dNTPs 的初始浓度为 2.5mmol/L。预试验中获得的 PCR 上样量为 2.0μL,对应的底物浓度为 0.20mmol/L。在此数值左右取梯度浓度进行 PCR 优化底物浓度试验。具体如表 9-5 所示。

表 9-5　　PCR 底物浓度分布

孔号	1	2	3	4	5	6	7	8	9	10
dNTPs 浓度/(mmol/L)	0.15	0.16	0.17	0.18	0.19	0.20	0.21	0.22	0.23	0.24
对应的 PCR 上样量/μL	1.5	1.6	1.7	1.8	1.9	2.0	2.1	2.2	2.3	2.4

6. PCR 优化条件检测扩展青霉

利用获得的 PCR 扩增优化条件,采用表 6-3 的 PCR 循环体系,检测试验扩展青霉。PCR 扩增产物的凝胶电泳检测方法同第九章“PCR 扩增及电泳检测”小节。

7. 人工感染苹果样品的 PCR 检测

取接种量为最低检测菌液浓度的扩展青霉和分离的扩展青霉在无菌条件下接种于陕西不同产地的富士苹果中，于28℃避光培养3～4d，采用第六章扩展青霉菌基因组 DNA 的提取内容中的玻璃珠＋氯化苄法提取 DNA 并进行 PCR 检测，循环反应体系和运行参数均为优化后的 PCR 扩增条件。

第二节　结果与分析

一、PCR 退火温度优化结果

退火温度是 PCR 反应条件的最关键因素，由最适退火温度筛选的试验结果，如图 9－1 所示，退火温度在 52～61℃时都能获得较好的扩增，但温度过低出现了非特异性条带，可能出现假阳性结果；退火温度过高，从图 9－1 可看出 PCR 的扩增效率似乎有所降低，条带亮度有所下降，因此本试验获得较理想的退火温度是 53～59℃。以下试验的退火温度均选用 57℃。

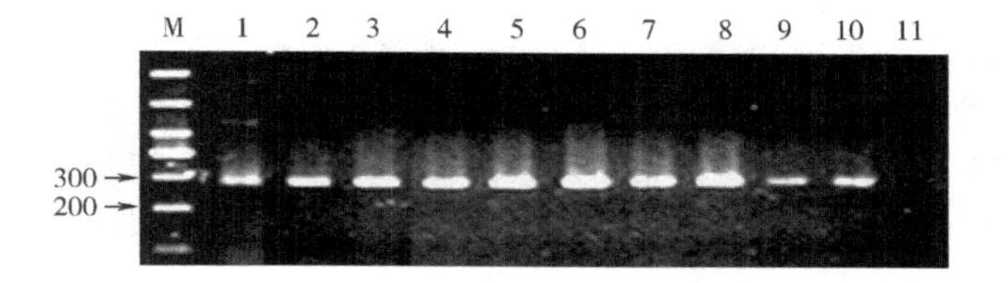

图 9－1　PCR 最适退火温度的筛选

M—Marker DL－1000；从下到上：100bp、200bp、300bp、400bp、500bp、700bp、1000bp；泳道 1～11 温度分别为 52、53、54、55、56、57、58、59、60、61℃、空白对照

二、最适引物浓度的筛选

合适的引物浓度对 PCR 扩增有很重要的作用，如图 9－2 所示。在所选引物浓度条件下均扩增出了明显的目的条带，但不同引物浓度对是否有二聚体形成却有不同的作用，当引物浓度分别为 0.04～0.16μmol/L 时，基本无引物二聚体形成；当引物浓度达到 0.20～0.28μmol/L 时，似乎有微弱的引物二聚体；当引物浓度达到 0.32～0.40μmol/L 时，引物二聚体非常明显。因此，此引物适宜的浓度为

0.04～0.16μmol/L。引物浓度过高易出现非特异性条带。以下试验中引物浓度均选用0.16μmol/L(对应的PCR上样量为0.40μL)。

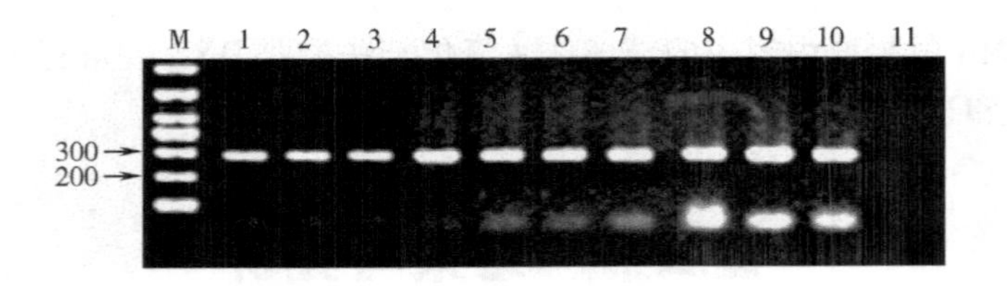

图9－2　最适引物浓度筛选

M—Marker DL－1000;从下到上:100bp、200bp、300bp、400bp、500bp、700bp、1000bp;
泳道1～11浓度分别为:0.04、0.08、0.12、0.16、0.20、0.24、0.28、0.32、0.36、0.40μmol/L、空白对照

三、最适模板浓度的筛选

在退火温度57℃、引物浓度0.16μmol/L的情况下,进行最适模板浓度的筛选试验,结果如图9－3所示。当模板质量浓度为0.8μg/mL时,没有扩增出目的条带;当质量浓度在1.44～5.28μg/mL范围内时均扩增出了明显的目的条带,但条带的亮暗程度不同:模板质量浓度为1.44～1.92μg/mL时,获得的扩增条带亮度较弱,模板质量浓度增加至2.40～5.28μg/mL时获得的扩增条带清晰明亮。因此,质量浓度在2.40～5.28μg/mL时,PCR扩增效果良好。模板质量浓度过低会影响PCR的扩增效率。以下试验中模板质量浓度均选用2.40μg/mL(对应的PCR上样量为2.50μL)。

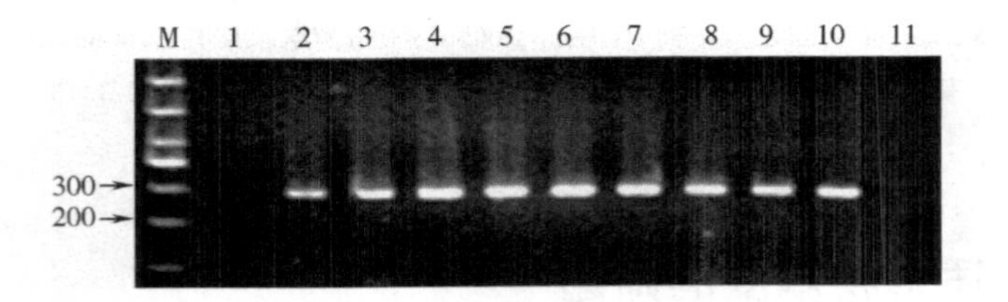

图9－3　最适模板质量浓度筛选

M—Marker DL－1000;从下到上:100bp、200bp、300bp、400bp、500bp、700bp、1000bp;
泳道1～11质量浓度分别为0.96、1.44、1.92、2.40、2.88、3.36、3.84、4.32、4.80、5.28μg/mL、空白对照

四、最适底物浓度的选择

从图 9－4 的最适 dNTPs 浓度筛选试验结果可以看出，在所选 dNTPs 浓度条件下均扩增出了明显的目的条带，而且条带的亮度基本一样。这说明 dNTPs 浓度对 PCR 扩增结果的影响不大，只要有足够量的 dNTPs 就可以达到扩增目的，实际工作中选择较小的 dNTPs 浓度可以节约试剂。

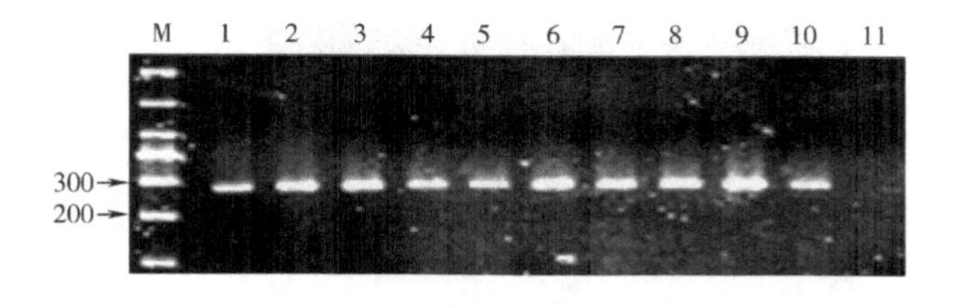

图 9－4　最适 dNTPs 浓度筛选

M—Marker DL－1000；从下到上：100bp、200bp、300bp、400bp、500bp、700bp、1000bp；泳道 1～11 浓度分别为 0.15、0.16、0.17、0.18、0.19、0.20、0.21、0.22、0.23、0.24mmol/L、空白对照

五、优化参数条件下的 PCR 检测

选取优化后的参数（退火温度为 55℃，引物浓度为 0.04μmol/L，模板浓度为 3.36μg/mL，dNTPs 浓度为 0.15mmol/L）。对扩展青霉和其他真菌进行 PCR 检测，结果如图 9－5 所示。扩展青霉获得了良好的特异性扩增，且扩增条带明亮清晰，而其他真菌均未获得扩增条带，这说明优化的 PCR 参数适合扩展青霉的检测。

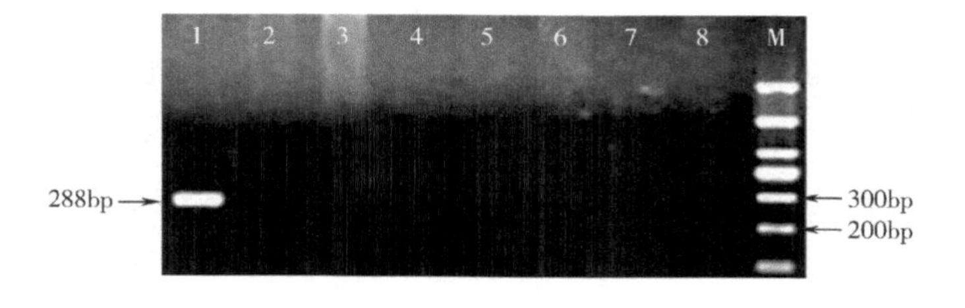

图 9－5　优化参数条件下的 PCR 检测

M—Marker DL－1000；从下到上：100bp、200bp、300bp、400bp、500bp、700bp、1000bp；泳道 1～8 分别为扩展青霉、圆弧青霉、皮落青霉、产黄青霉、黄炳曲霉、矮棒曲霉、黑曲霉、空白对照

六、人工感染样品的 PCR 检测

用标准扩展青霉和分离扩展青霉分别对采自不同地方的富士苹果人工感染后进行 PCR 检测,结果如图 9 - 6、图 9 - 7 所示,5 个不同产地的人工感染样品中扩展青霉均被检测出,而且扩增条带清晰可见,这说明此法可以用于腐烂苹果中扩展青霉菌的检测。

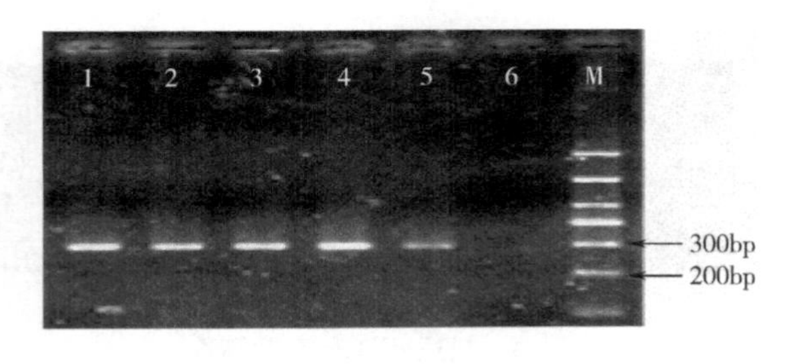

图 9 - 6　标准菌感染不同产地富士苹果样品的 PCR 检测

M—Marker DL - 1000;从下到上:100bp、200bp、300bp、400bp、500bp、700bp、1000bp;

泳道 1 ~ 6 分别为西安杨凌区、陕西武功县、陕西乾县、陕西周至县、陕西长武县、空白对照

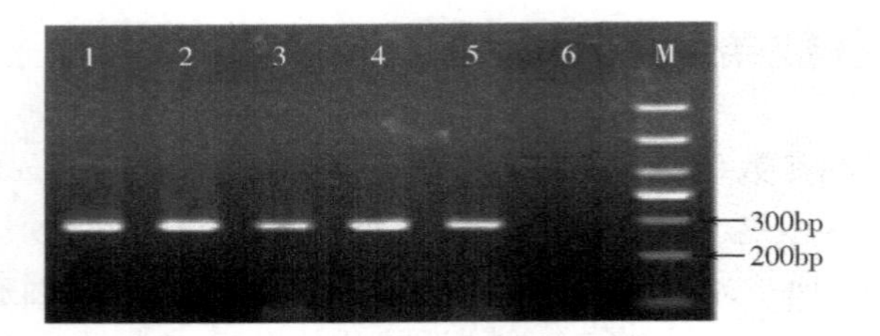

图 9 - 7　分离菌感染不同产地富士苹果样品的 PCR 检测

M—Marker DL - 1000;从下到上:100bp、200bp、300bp、400bp、500bp、700bp、1000bp;

泳道 1 ~ 6 分别为西安杨凌区、陕西武功县、陕西乾县、陕西周至县、陕西长武县、空白对照

第三节　结论与讨论

本试验根据扩展青霉 polygalacturonase 基因内一段保守序列重新设计了一对 288bp 的扩增引物,并优化了 PCR 检测条件。扩增结果显示 PCR 检测扩展青霉获得了良好的特异性,优化结果显示 PCR 最适退火温度为 53 ~ 59℃,最适引物浓度

为 0.04 ~ 0.16μmol/L，最适模板质量浓度为 2.40 ~ 5.28μg/mL，而 dNTPs 浓度对 PCR 扩增影响不大，运用试验所得优化参数检测扩展青霉，整个过程仅需 3 ~ 4h，和传统的培养法检测相比，有效地提高了检测效率。建立的这套检测体系可为进一步开展扩展青霉的分子生物学研究及实际应用提供了理论借鉴。

参考文献

[1]ABRAVAYA K, ESPING C, HOENLE R, et al. Performance of a multiplex qualitative PCR LCx assay for detection of human immunodeficiency virus type 1 (HIV-1) group M subtypes, group O, and HIV-2[J]. J Clin Microbiol, 2000, 38(2): 716-723.

[2]ACAR J, GOKMEN V, TAYDAS E E. The effects of processing technology on the patulin content of juice during commercial apple juice concentrate production [J]. Zeitschrift fur Lebensmittel - Untersuchung und - Forschung A (European Food Research and Technology), 1998, 207: 328-331.

[3]ALDAGHI S M, DUTRECQ M O, BERTACCINI A, et al. A simple and rapid protocol of crude DNA extraction from apple trees for PCR and real - time PCR detection of ‘Candidatus Phytoplasma mali’[J]. Journal of Virological Methods, 2009, 156: 96-101.

[4]ANDRONIKI P, CHRYSOSTOMOSI D, GEORGIOS B. A comparison of six methods for genomic DNA extraction suitable for PCR - based genotyping applications using ovine milk samples[J]. Molecular and Cellular Probes, 2009, 12: 1-6.

[5]BAILEY A M, MITCHELL D J, MANJUNATH K L. Identification to the species level of the plant pathogens Phytophthora and Pythium by using unique sequences of the ITS1 region of ribosomal DNA as capture probes for PCR ELISA[J]. FEMS Microbiology Letters, 2002, 207(2): 153-158.

[6]BEJ A K, STEFFAN R J, DICESARE J, et al. Detection of coliform bacteria in water by polymerase chain reaction and gene probes[J]. Appl Environ Microbiol, 1990, 56(2): 307.

[7]BERETTA B, GAIASCHI A, GALLI C L, et al. Patulin in apple - based foods: occurrence and safety evaluation[J]. Food Additive Contamination, 2000, 17: 399-406.

[8]BISSESSUR J, PERMAUL K, ODHAV B. Reduction of patulin during apple juice clarification[J]. Journal of Food Protection, 2001, 83(9): 1216-1219.

[9]BLACK J A, FOARDE K K. Comparison of four different methods for extraction of Stachybotrys chartarum spore DNA and verification by real - time PCR[J]. Journal of Microbiological Methods, 2007, 70: 75-81.

[10]CHEN L, INGHAM B H, INGHAM S C. Survival of Penicillum expansum

and patulin production on stored apples after wash treatments[J]. Journal Food Science,2004, 69(8): 675 - 699.

[11]CHERAGHALI A M, MOHAMMADI H R, AMIRAHMADI M, et al. Incidence of patulin contamination in apple juice produced in Iran[J]. Food Control, 2005, 16(2): 165 - 167.

[12]COLE R J, COX R H. Handbook of toxic fungal metabolites[M]. New York: Academic Press, 1981.

[13]COLLETTE F, RACHEL S, LINDA L G. Molecular analysis of the rfbO antigen gene cluster of Salmonella enterica serogroup O:6, 14 and development of asero group specific PCR assay[J]. Applied and Environmental Microbiology, 2003, 69(10): 6099 - 6105.

[14]COTEM J, TARDIFM C, MELDRUM A J. Identification of *Monilinia fructigena*, *M. fructicola*, *M. laxa*, and *Monilia polystroma* on inoculated and naturally infected fruit using multiplex PCR[J]. Plant Disease, 2004, 88(11): 1219 - 1225.

[15]CRUZADO M, BLANCO J L, DURAN C. Evaluation of two PCR methodologies for the detection of Aspergillus DNA[J]. Rev Iberoam Micrology, 2004, 21(4): 209 - 212.

[16]CUNHA S C, FARIA M A, FERNANDES J O. Determination of patulin in apple and quince products by GC - MS using 13C5 - 7 patulin as internal standard[J]. Food Chemistry, 2009, 115(1): 352 - 359.

[17]D' ANGELO F, SANTILLO A, SEVI A,et al. Technical note:A simple salting - out method for DNA extraction from milk somatic cells: investigation into the goat CSN1S1 gene[J]. Journal of Dairy Science, 2007, 90(7): 3550 - 3552.

[18]DOMBRINK - KURTZMAN M A, BLACKBURN J A. Evaluation of several culture media for production of patulin by Penicillium species[J]. International Journal of Food Microbiology, 2005, 98: 241 - 248.

[19]DOMSCH H H, GRAMS W, ANDERSON T H. Compendium of soil fungi[M]. London: London Academic Press, 1980.

[20]ELHARIRY H, BAHOBIAL A A, GHERBAWY Y. Genotypic identification of Penicillum expansum and the role of processing on patulin presence in juice[J]. Food and Chemical Toxicology, 2011, 49: 941 - 946.

[21]FERNÁNDEZ - CRUZ M L, MANSILLA M L, TADEO J L. Tadeo mycotoxins in fruits and their processed products: analysis, occurrence and health implications[J]. Journal of Advanced Research, 2010, 1(2):113 - 122.

[22]Food and Agricultural Organization. Worldwide regulations for mycotoxins, a

compendium[R]. FAO Food and Nutrition, 1996: 64.

[23]GOEBES M D, HILDEMANN L M, KUJUNDZIC E. Real – time PCR for detection of Aspergillus genus[J]. J Environ Monit, 2007, 9(6): 599 – 609.

[24]GOKMEN V, ARTIK N, ACAR J. Effects of various clarification treatments on patulin, phenolic compound and organic acid compositions of apple juice[J]. European Food Research and Technology, 2001, 213: 194 – 199.

[25]GORDON S S, NORMA L L. Chromatographic determination of the mycotoxin patulin in fruit and fruit juices[J]. Journal of Chromatography A, 2000, 882: 17 – 22.

[26]GRADY J O, SEDANO – BALBS S, MAHER M. Rapid real – time PCR detection of Listeria monocytogenes in enriched food samples based in the ssrA gene, a novel diagnistic target[J]. Food Microbiology, 2008, 25(1): 75 – 84.

[27]HAQ M A, COLLIN H A, TOMSETT A B. Detection of Sclerotium cepivorum within onion plants using PCR primers[J]. Physiological and Molecular Plant Pathology, 2003, 62: 185 – 189.

[28]HAUGLAND R A, HECKMAN J L, WYMER L J. Evaluation of different methods for the extraction of DNA from fungal conidia by quantitative competitive PCR analysis[J]. Journal of Microbiological Methods, 1999, 37: 165 – 176.

[29]HAYASHI K, ORITA M, SUZUKI Y, et al. Use of labeled primers in polymerase chain reaction (LP – PCR) for a rapid detection of the product[J]. Nucleic Acids Research, 1989, 17(9): 3605.

[30]HINRIKSON H P, HURST S F, DE AAUIRRE L. Molecular methods for the identification of Aspergillus species[J]. Medical Mycology, 2005, 43: 129 – 137.

[31]HSU C F, TSAI T Y, PAN T M. Use of the duplex *Taq*man PCR system for detection of shiga – like toxin – producing Escherichia coli O157[J]. J Clin Microbiol, 2005, 43(6): 2668 – 2673.

[32]INNIS M A, GELFAND D H. Optimization of PCR[M]//INNIS M A, GELFAND D H, SNINSKY J J. PCR Protocols: A guide to methods and applications. New York: Academic Press, 1990:3 – 12.

[33]JACKSON L S, BEACHAM – BOWDEN T, KELLER S E, et al. Apple quality, storage, and washing treatments affect patulin levels in apple cider[J]. Journal Food Protection, 2003, 66(4): 618 – 624.

[34]. JUDY S W, KAREN L J, SURESH D P. Specific detection of *Salmonella* spp. by multiplex polymerase chain reaction[J]. Applied and Enviromental Microbiology, 1993, 59(5): 1473 – 1479.

[35]KARABULUT O A, BAYKAL N. Evaluation of the use of microwave power for the control of postharvest diseases of peaches[J]. Postharvest Biological Technological, 2002, 26: 237 –240.

[36]KULIK T, FORDONSKI G, PSZCZOLKOWSKA A. Development of PCR assay based on ITS2 rDNA polymorphism for the detection and differentiation of Fusarium sporotrichioides[J]. FEMS Microbiology Letters, 2004, 239(1): 181 –186.

[37]LLEWELLYN G C, McCAY J A ,BROWN R D, et al. Immunological evaluation of the mycotoxin patulin in female[J]. Food and Chemical Toxicology, 1998, 36(12): 1107 –1115.

[38]LUO G, MITCHELL T G. Rapid identification of pathogenic fungi directly from cultures by using multiplex PCR[J]. Clinic Microbiology, 2002, 40(8): 2860 –2865.

[39]MAGAN N, OLSEN M. Mycotoxins infood: detection and control[M]. Boca Raton: CRC Press, 2004.

[40]MAREK P, ANNAMALAI T, VENKITANARAYANAN K. Detection of Penicillum expansum by polymerase chain reaction[J]. International Journal of Food Microbiology, 2003, 89: 139 –144.

[41]MARI M, NERI F, BERTOLINI P. Management of important diseases in Mediterranean high value crops[J]. Stewart Postharvest Rev, 2009(2): 2.

[42]MARK P, ANNAMALAI T, VENKITANARYAN K. Detection of Penicillum expansum by polymerase chain reaction[J]. International Journal of Food Microbiology, 2003, 89: 139 –144.

[43]MCKINLEY E R, CARLTON W W. Mycotoxins and phytoalexins[M]. Boca Raton: CRC Press, 1991: 191 –236.

[44]MERCADO B J, RODRIGUEZ J D, PARRILLA A S. Simultaneous detection of the defoliating and nondefoliating *Verticillium dahliae* pathotypes in infected olive plants by duplex nested polymerase chain reaction[J]. Plant Disease, 2003, 87(12): 1487 –1494.

[45]MULLER D,HAGEDORN P, BRAST S. Rapid identification and differentiation of clinical isolates of enteropathogenic *Escherichia coli* (EPEC), a typical EPEC, and Shiga toxin – producing *Escherichia coli* by a one – step multiplex PCR method [J]. 2006, J Clin Microbiol, 44(7): 2626 –2629.

[46]NERI F, DONATI I, VERONESI F, et al. Evaluation of Penicillum expansum isolates for aggressiveness, growth and patulin accumulation in usual and less common fruit hosts[J]. International Journal Food Microbiol, 2010, 143(3): 109 –117.

[47]NIESSEN LUDWIG. PCR – based diagnosis and quantification of mycotoxin producing fungi[J]. International Journal of Food Microbiology, 2007, 119: 38 –46.

[48]OMBROUCK C, CICERON L, BILIGUI S. Specific PCR assay for direct detection of intestinal microsporidia *Enterocytozoon bieueusi* and *Encephalitozoon intestinalis* infecal specimens from human immunodeficiency virus – infected patients[J]. J Clin Microbiol, 1997, 35(3): 652 –655.

[49]RADHIA M, MARC M, NICOLAS G. The mycotoxin patulin alters the barrier function of the intestinalepit – helium: mechanism of action of the toxin and protective effects of glutathione[J]. Toxicology and Applied Pharmacology, 2002, 181: 209 –218.

[50]SAKAZAKI R, TAMURA K, KATO T. Studies on the enteropathogenic, facultatively halophilic bacterium, *Vibrio parahaemolyticus*[J]. Enteropathogenicity Jpn J Med Sci Biol, 1968, 21(5): 325 –331.

[51]SANO T, SMITH C L, CANTOR C R. Immuno – PCR: very sensitive antigen detection by means of specific antibody – DNA conjugates[J]. Science, 1992, 258: 120 –122.

[52]SCOTT P M, SOMERS E. Stability of patulin and penicillic acid in fruit juices and flour[J]. Journal Agriculture Food Chemistry, 1968, 16(3): 483.

[53]SEWRAM V, NAIR J J, NIEUWOUDT T W, et al. Determination of patulin in apple juice by high – performance liquid chromatography – atmospheric pressure chemical ionization mass spectrometry[J]. Journal of Chromatography A, 2000, 897 (1/2): 365 –374.

[54]SHAPIRA R, PASTER N, MENASHEROV O E M, et al. Detection of aflatoxigenic molds in grains by PCR[J]. Apple Environ Microbiology, 1996, 26: 3270 – 3273.

[55]SOMAI B M, KEINATH A P, DEAN R A. Development of PCR – ELISA for detection and differentiation of *Didymella bryoniae* from related *Phoma* species[J]. Plant Disease, 2002, 86(7): 710 –716.

[56]SPREADBURY C, HOLDEN D, AUFAUVRE – BROWN A, et al. Detection of Aspergillus – Fumigatus by polymerase chain – reaction[J]. Joernal of Clinical Microbiology, 1993, 31(3): 615 –621.

[57]STOWELL L J, GELERNTER W D. Diagnosis of turf grass diseases[J]. Annual Review of Phytopathology, 2001, 39: 135 –155.

[58]SUANTHIE Y, COUSIN M A, WOLOSHUK C P. Multiplex real – time PCR for detection and quantification of mycotoxigenic *Aspergillus*, *Penicillium* and *Fusarium*

[J]. Journal of Stored Products Research, 2009, 45(2): 139 - 145.

[59] SYDENHAM E W, VISMER H F, MARASAS W F O, et al. The influence of deck storage and initial processing on patulin levels in apple juice[J]. Food Additive Contaminated, 1997, 14: 429 - 434.

[60] TANIWAKI M H, HOENDERBOOM C J M, DE ALMEIDA VITALI A, et al. Migration of patulin in apples[J]. Journal Food Protection, 1992, 55: 902 - 904.

[61] TRUCKSESS M W, TANG Y. Solid phase extraction method for patulin in apple juice and unfiltered apple juice[M]//TRUCKSESS M W, POHLAND A F. Mycotoxin Protocols. Totowa: Humana Press, 2001: 205 - 213.

[62] TYAGI A, SARAVANAN V, KARUNASAGAR I. Detection of *Vibrio parahaemolyticus* in tropical shellfish by SYBR green real - time PCR and evaluation of three enrichment media[J]. International Journal of Food Microbiology, 2009, 129(2): 124 - 130.

[63] VENTURINI M E, ORIA R, BLANCO D. Microflora of two varieties of sweet cherries: burlat and sweetheart[J]. Food Microbiological, 2002, 19: 15 - 21.

[64] VERO S, MONDINO P, BURGUENO J, et al. Characterization of biocontrol activity of two yeast strains from Uruguay against blue mold of apple[J]. Postharvest Biological Technology, 2001, 26: 91 - 98.

[65] WANG G H, CLARK C G, RODGERS F G. Detection in *Escherichia coli* of the genes encoding the major virulence factors, the genes defining the O157: H7 serotype, and components of the type 2 Shiga toxin family by multiplex PCR[J]. J Clin Microbiol, 2002, 40(10): 3613 - 3619.

[66] WELKE J E, HOELTZ M, DOTTORI H A. Occurrence, toxicological aspects, analytical methods and control of patulin in food[J]. Ciencia Rural, 2009, 39(1): 300 - 308.

[67] YANG J R, WU F T, TSAI J L. Comparison between Oserotyping method and multiplex real - time PCR to identify diarrheagenic *Escherichia coli* in Taiwan[J]. J Clin Microbiol, 2007, 45(11): 3620 - 3625.

[68] YU G F, NIU J J, SHEN M S. Detection of Escherichia coli O157 using equal - length double - stranded fluorescence probe in a real - time polymerase chain reaction assay[J]. Clinica Chimica Acta, 2006, 366(1/2): 281 - 286.

[69] ZHANG Y J, ZHANG S, LIU X Z. A simple method of genomic DNA extraction suitable for analysis of bulk fungi strains[J]. Applied Microbiology, 2010, 51: 114 - 118.

[70] ZHU H, QU F, ZHU L H. Isolation of genomic DNAs from plants, fungi

and bacteria using benzyl chloride[J]. Nucleic Acids Research, 1993, 21(22): 5279 -5280.

[71]阿英. 苹果让医生远离你我[J]. 医药保健杂志,2003(5A):55 -78.

[72]昂莎莎,荚荣,卢伟. 白腐真菌总 DNA 提取方法的研究[J]. 生物学杂志,2009,9(4):82 -85.

[73]奥斯伯 F,著. 精编分子生物学试验指南[M]. 颜子颖,等译. 北京:科学出版社,1998.

[74]曹泽虹,李勇. 用 PCR 法快速测定食物中毒病原菌[J]. 微生物学通报,2001(4):72 -76.

[75]曾常茜,晏舒,胡景新. 免疫 PCR 的方法学研究进展及临床应用[J]. 北华大学学报:自然科学版,2002(1):30 -33.

[76]曾东方,罗信昌,陈升明. 珍稀共生食用真菌松茸 DNA 指纹研究[J]. 园艺学报,2000,27(3):223 -225.

[77]曾晓芳. 畜产品中沙门氏菌污染的检测与控制[J]. 四川畜牧兽医,2003,30(4):28 -29.

[78]常玉华. 浓缩苹果汁中耐热菌的 PCR 方法快速检测研究[D]. 西安:陕西师范大学,2003.

[79]巢国强,杨学明,葛宇. PCR 法检测食品中大肠杆菌 O157: H7[J]. 食品科学,2010,31(8):212 -215.

[80]陈锋菊,李百元,杨冰,等. 一种经济快速提取丝状真菌基因组 DNA 的方法[J]. 生命科学研究,2010,4(2):122 -125.

[81]陈金顶,索青利,廖明. 沙门氏菌的 invA 基因的序列分析与分子检测[J]. 中国人兽共患病杂志,2004,20(10):868 -871.

[82]陈启民,王金忠,耿运琪. 分子生物学[M]. 天津:南开大学出版社,2001.

[83]陈姗姗,仇农学. 浓缩苹果汁中棒曲霉毒素的来源及检测[J]. 食品研究与开发,2006,27(2):108 -110.

[84]陈世琼,胡小松,石维妮. 浓缩苹果汁生产过程中脂环酸芽孢杆菌的分离及初步鉴定[J]. 微生物学报,2004,44(12):816 -819.

[85]陈世琼. 浓缩苹果汁生产过程中嗜酸嗜热菌的分离及相关生物学特性研究[D]. 北京:中国农业大学,2004:34 -41.

[86]陈伟,李正国,杨平. 肉制品中志贺氏菌 DNA 的快速提取方法[J]. 食品与发酵工业,2009,35(5):12 -15.

[87]陈颖. 臭氧对耐酸耐热菌杀灭作用的研究[D]. 西安:陕西师范大学,2004.

[88]程华,余龙江,胡琼月,等. 改良异硫氰酸胍法提取玛咖叶片中总 RNA 研究[J]. 生物技术,2005,15(2):45-47.

[89]程丽娟. 微生物学试验技术[M]. 西安:世界图书出版公司,2000:176-177.

[90]楚明,杜玉虎. 常吃苹果防疾病[J]. 绿化与生活, 2004(4):20.

[91]崔菲,王子岚,高品红,等. 用于 PCR 快速检测的真菌基因组 DNA 制备研究进展[J]. 河北林果研究,2004,26(3):286-288.

[92]迪芬巴赫 C W,著. PCR 技术试验指南[M]. 黄培堂,译. 北京:科学出版社,2000.

[93]窦坦德,沈崇尧. 植物病原真菌检测技术研究进展[J]. 植物检疫,2000,14(1):31-33.

[94]段维军,郭立新. 基于 PCR 技术的植物病原真菌检测技术研究进展[J]. 植物检疫,2008(6):385-389.

[95]樊明涛,毕静莹,刘邻渭. 浓缩苹果汁中扩展青霉菌实时 PCR 快速检测条件的优化[J]. 西北农林科技大学学报:自然科学版, 2007,35(11):84-89.

[96]方平,杨永莉,杨宝. Real-time PCR 方法检测肉品中的沙门氏菌[J]. 山西农业科学,2001,38(8):71-76.

[97]冯再平. 浓缩苹果汁中耐热菌 PCR 法定量检测技术研究[D]. 西安:陕西师范大学,2004.

[98]戈海泽,郭刚,张瑞. 玻璃珠法提取基因 DNA[J]. 天津医科大学学报,2006,12(2):313-314.

[99]顾海剑. 苹果——增智治病防癌“神果”[J]. 湘西科技,2002(1):26.

[100]郭宏. 食品中金黄色葡萄球菌的荧光定量 PCR 检测法[J]. 职业与健康,2009,25(18):1933-1934.

[101]韩永奇. 五大因素和问题影响我国苹果汁出口[J]. 饮料工业,2011,4(14): 42-47.

[102]贺玉梅,贾珍珍,董葵,等. 展青霉素产生菌产毒性能研究[J]. 中国卫生检验杂志,2011,11(3):302-303.

[103]胡军,王静,卢新亚,等. 病原性真菌 PCR 检测方法的建立[J]. 郑州大学学报:医学版,2004,39(2):310-312.

[104]胡稳奇,张志光. PCR 技术在环境微生物检测中的应用[J]. 环境科学,1994(4):80-83.

[105]胡小松. 中国果蔬加工产业现状与发展态势[J]. 食品与机械,2005,21(3):4-9.

[106]黄菲菲,韩奕奕,李丹妮,等. 超高效液相色谱-串联质谱测定苹果制

品中的棒曲霉毒素[J]. 检验检疫学刊,2010,20(1):5 –7.

[107]黄金林,焦新安,文其乙. 应用聚合酶链反应快速检测沙门氏菌[J]. 扬州大学学报:农业与生命科学版,2002,23(3):5 –7.

[108]蒋雄图,虞左向. 棒曲霉毒素[J]. 无锡轻工业学院学报,1989,8(2):73 –81.

[109]金欣,陈建魁,于农. 快速曲霉菌基因组 DNA 的提取方法[J]. 河北医药,2009,31(22):3150 –3151.

[110]康明,韩志辉,李刚. 应用 ELISA 试验快速检测成品饲料中的沙门氏菌[J]. 中国兽医杂志,2005,41(9):21 –23.

[111]李宝江,林桂荣,刘风君. 矿质元素含量与苹果风味品质及耐贮性的关系[J]. 果树科学,1995,12(3):141 –145.

[112]李凤义. PCR 检测水中致病微生物的研究进展[J]. 工业卫生与职业病,1996(6):379 –382.

[113]李军,张振华,葛毅强,等. 我国苹果加工业现状分析[J]. 食品科学,2004,25(9):198 –204.

[114]李君文,晁福寰. 致病微生物 PCR 检测方法研究进展[J]. 中国卫生检验杂志,1997,7(5):313 –318.

[115]李君文,张符光,晁福寰,等. 套式反转录 PCR 检测水中肠道病毒[J]. 中国公共卫生,1996(9):406 –407.

[116]李君文. 套式反转录 PCR 检测水中肠道病毒[J]. 中国公共卫生,1996(9):406 –407.

[117]李里特,赵朝辉. 果蔬保鲜与加工:未来食品业的发展重点[J]. 中国科技信息,2004(13):40.

[118]李平. PCR 技术及其在食品微生物检测中的应用[J]. 食品科学,1998,19(7):3 –5.

[119]李谦,李雅青. 提高 PCR 反应特异性的几点策略[J]. 临沂师范学院学报,2001(4):56 –57.

[120]李玮. 中国浓缩苹果汁出口现状分析[J]. 百家论剑,2010,23:979 –980.

[121]李晓红,陈世义,钟淑霞,等. 研磨 – CTAB 法与碱性异硫氰酸胍沸腾法提取真菌 DNA 的比较分析[J]. 中国试验诊断学,2005,9(3):364 –365.

[122]李晓虹,闫东丽. 利用多重 PCR 检测食品中副溶血性弧菌的方法研究[J]. 中国卫生检验杂志,2007,17(11):1975 –1977.

[123]李延斌. 苹果保健新发现[J]. 科技文萃,2002(2):116.

[124]林春国,周元忻,李兰. 果蔬汁中棒曲霉毒素的来源及检测[J]. 中外

葡萄与葡萄酒,1999(1):43 -47.

[125]林玲. 定量 PCR 技术的研究进展[J]. 国外医学:遗传学分册,1999,22(3):116 -120.

[126]刘建利. 氯化苄法提取植物内生放线菌基因组 DNA[J]. 北方园艺,2010(13):124 -126.

[127]刘景武,张伟,何俊萍. FTA 滤膜用于 PCR 检测肉中的金黄色葡萄球菌[J]. 生物工程学报,2005,21(6):1009 -1013.

[128]刘志明,孔媛. 我国苹果生产现状与品种问题分析[J]. 甘肃科技,2009,25(15):1.

[129]露民. 健佳果——苹果[J]. 厦门科技,2003(3):62 -63.

[130]罗萍,曾浩,易勇. EHEC O157:H7 志贺毒素ⅡA1 亚单位蛋白的构建表达与免疫原性鉴定[J]. 免疫学杂志,2008,24(3):287 -290.

[131]马宏,王建丽,黄丽莉. 志贺菌毒力基因的多重 PCR 鉴定[J]. 中国卫生检验杂志,2006,16(9):1039.

[132]马立农. 食品沙门氏菌 PCR 快速检测试剂盒简介[J]. 深圳职业技术学院学报,2005,4(2):189 -192.

[133]苗洪亮. 中国苹果及果汁出口的市场环境分析及对策研究[D]. 武汉:华中农业大学,2006.

[134]潘耀谦,金春彬. 聚合酶链反应(PCR)技术体系研究进展[J]. 动物医学进展,1999,20(4):11 -17.

[135]裴杰萍,端青. DNA 提取方法的研究进展[J]. 微生物学免疫学进展,2004,32(3):76 -78.

[136]彭会清,余盛颖,赵欢. PCR 技术在环境微生物检测中的应用[J]. 资源环境与工程,2007,21(5):610 -612.

[137]綦菁华. 苹果浓缩汁二次混浊形成机理及控制技术研究[D]. 北京:中国农业大学,2003.

[138]秦旭升,刘学敏,周艳玲,等. 植物病原真菌中 DNA 分子鉴定技术[J]. 植物生理学讯,2000,36(4):342 -347.

[139]仇农学,肖旭霖,邓红. 陕西省浓缩苹果汁行业可持续发展的战略思考[J]. 农业工程学报,2000,16(1):122 -124.

[140]任少堂,秦一中,胡盈敏,等. 多重 PCR 技术在医学诊断中的应用与发展[J]. 临床检验杂志,1995,13(1):45.

[141]萨姆布鲁克 J,弗里厅 E F,曼尼阿蒂斯,著. 分子克隆试验指南[J]. 金冬雁,黎孟枫,等译. 2 版. 北京:科学出版社,1992.

[142]沈正达. 细菌毒力岛的研究进展[J]. 中国兽医学报,2003,23(7):

412 –414.

[143]苏青峰. 苹果浓缩汁(AJC)生产中棒曲霉毒素产生菌的分离鉴定及控制技术研究[D]. 杨凌:西北农林科技大学,2005.

[144]孙爱东. 苹果汁加工中典型芳香成分的形态、变化及香气调控的研究[D]. 泰安:山东农业大学,2002.

[145]唐良华,苏敏,郑丹华,等. 食用菌总 DNA 提取方法的研究[J]. 福建轻纺,2006(1):1 –4.

[146]田世英. 我国苹果产业概况和发展思路[J]. 山西农业,2004(9):6 –7.

[147]田世英. 我国苹果产业概况及发展思路[J]. 中国果树,2004(7):32 –33.

[148]王金政,薛晓敏,路超. 我国苹果生产现状与发展对策[J]. 山东农业科学,2010(6):117 –119.

[149]王素梅,杨文领. 高效液相色谱法测定浓缩苹果汁中棒曲霉毒素[J]. 生物技术,2003,13(1):18 –19.

[150]王田利. 近年我国苹果产业发生的重大变化[J]. 果农之友,2009(5):3 –4.

[151]王小兵,李莉. 我国苹果产业发展与展望[J]. 中国果树,2003(2):1 –3.

[152]王莹,岳田利,王丽. 棒曲霉毒素控制技术及检测方法研究进展[J]. 农产品加工:学刊,2007(3):48 –51.

[153]王征兵. 中国苹果生产现状及对策[J]. 世界农业,2001(12):18.

[154]魏建忠,李郁,焦新安. 应用 PCR 技术快速检测市售猪肉中产单核李斯特菌[J]. 中国卫生检验杂志,16(4):422 –423.

[155]乌日娜,刘雅琴,韩磊. 氰基柱 SPE – HPLC 检测浓缩苹果汁中棒曲霉毒素的研究[J]. 食品研究与开发,2008,29(9):89 –93.

[156]吴发红,黄东益,黄小龙,等. 几种真菌 DNA 提取方法的比较[J]. 中国农学通报,2009,25(8):62 –64.

[157]肖文华. 热启动 PCR[J]. 国外医学:生物化学与检验学分册,1996,17(2):68.

[158]许高升. 富士苹果贮藏其营养成分变化的初步研究[J]. 河北农业技术师范学院学报,1991,5(3):70.

[159]薛淑静,岳田利,关键. 一种真菌 DNA 提取方法的改进[J]. 食品研究与开发,2006,27(4):39 –40.

[160]杨潇远,王丽娅,李振勇,等. 角膜炎常见致病真菌 DNA 快速提取方法

的探索[J]. 中国检验医学杂志,2005,28(9):961.

[161]杨晓强,李家奎,郭定宗,等. 展青霉素检测方法的研究进展[J]. 中国食品卫生杂志,2007,19(2):165 - 167.

[162]杨振锋. 国内外苹果质量研究进展[J]. 北方果树,2005(1):3 - 5.

[163]姚玉新. 浅析苹果及苹果汁的营养价值与医疗保健作用[J]. 中国果菜,2002(4):43.

[164]叶怀庄,吴丽丽. PCR 技术在卫生微生物检测中的应用[J]. 中国卫生检验杂志,1996,56(4):220 - 223.

[165]尹传宝,陈俊,朱琦. 大肠杆菌与葡萄球菌实时定量 PCR 检测方法的建立[J]. 贵州农业科学,2010,38(10):135 - 138.

[166]庾莉萍. 我国浓缩苹果汁行业发展综述[J]. 山西果树,2008,121:38 - 40.

[167]袁长青,李君文. 一步单管反转录 PCR 快速检测水中甲型肝炎病毒[J]. 中国卫生检验杂志,1999(4):243 - 345.

[168]袁长青,李平. PCR 反应条件的优化[J]. 中国公共卫生,1999,15(3):255 - 256.

[169]翟金义,景红. 让中国的浓缩苹果汁称雄国际市场[J]. 农产品加工,2005(1):15 - 16.

[170]张放,李丽云,林长坤,等. 应用套式 PCR 检测嗜肺军团杆菌的试验研究[J]. 中国医科大学学报,1995(6):575 - 577.

[171]张莉莉,张苓花,史剑斐,等. 利用氯化苄提取真菌基因组 DNA 及其分子生物学分析[J]. 大连轻工业学院学报,19(1):36 - 39.

[172]张莉萍,郑佐华,毛裕民. 耐热逆转录套式 PCR 法检测丙型肝炎病毒[J]. 中华预防医学杂志,1998(3):164.

[173]张宁,王凤山. DNA 提取方法进展[J]. 中国海洋药物,2004(2):40 - 46.

[174]张小平,李元瑞,师俊玲,等. 苹果汁中棒曲霉毒素制技术研究进展[J]. 中国农业科学,2004,37(11):1672 - 1676.

[175]张小平,李元瑞,师俊玲,等. 微波处理对苹果汁中棒曲霉毒素的破坏作用[J]. 农业机械学报,2006,37(3):64 - 67.

[176]张兴旺. 我国苹果产业现状、存在问题与发展对策[J]. 柑桔与亚热带果树信息,2005,21(6):1 - 3.

[177]张学敏,王宜强. 靶向新基因的分子科隆策略—理论与方法[M]. 北京:军事医学科学院出版社,1999.

[178]张振华,胡小松,葛毅强. 我国苹果加工业的发展思路[J]. 中国果树,

2004(2):50 - 53.

[179]赵宝贵. 我国浓缩苹果汁加工出口的形式、问题与对策[J]. 陕西农业科学,2004(5):63 - 66.

[180]赵佳,方天堃. 中国苹果产品国际竞争力的经济分析[J]. 农产品市场,2005(5):40 - 41.

[181]赵佳. 中国苹果产品国际竞争力的经济分析[J]. 农业经济,2005(5):40 - 41.

[182]赵珊,李凤琴,陈丽娟,等. 多功能柱净化 - 高效液相色谱法测定果汁中展青霉素[J]. 卫生研究,2007,36(5):634 - 636.

[183]赵政阳,戴军. 陕西苹果产业现状及国际竞争力分析[J]. 西北农业学报,2002,11(4):108 - 111.

[184]赵政阳,冯宝荣,王雷存,等. 我国苹果产业向优势区域集中的战略思考[J]. 西北农业学报,2004,13(4):195 - 199.

[185]钟玲,汪天虹. 氯化苄法提取染色体 DNA[J]. 微生物学杂志,1997,17(3):62 - 63.

[186]周克权. 展青霉素的化学检测方法[J]. 国外医学:卫生学分册,28(1):29 - 32.

[187]周微,张伟钦,付宇. 荧光定量 PCR 方法快速检测原料乳中的大肠杆菌[J]. 中国乳品工业,2009,37(11):39 - 42.

[188]周妍. 我国浓缩苹果汁行业发展状况浅析[J]. 咨询,2001(2):20 - 24.

[189]朱衡,瞿峰,朱立煌. 利用氯化苄提取适于分子生物学分析的真菌 DNA[J]. 真菌学报,1994,43(1):34 - 40.

[190]邹先彪,廖万清,温海,等. 新生隐球菌基因组 DNA 不同抽提方法的比较[J]. 中国真菌学杂志,2010,5(2):109 - 112.